La matemática en sus personajes
Colección dirigida por Antonio Pérez Sanz

Goldbach

Una conjetura indomable

1ª edición: 2009

Ilustración de cubierta: composición de Raquel Fraguas

Apartado de Correos 113. 28760 Tres Cantos
Tel.: 91 804 58 17
www.nivola.com
contacto@nivola.com

ISBN: 978-84-92493-44-9
Depósito legal: M-13.433-2009
Impreso en España

Goldbach
Una conjetura indomable

Carlos Sánchez Fernández
Rita Roldán Inguanzo

38

La matemática en
sus personajes

nivola
LIBROS
EDICIONES

Índice

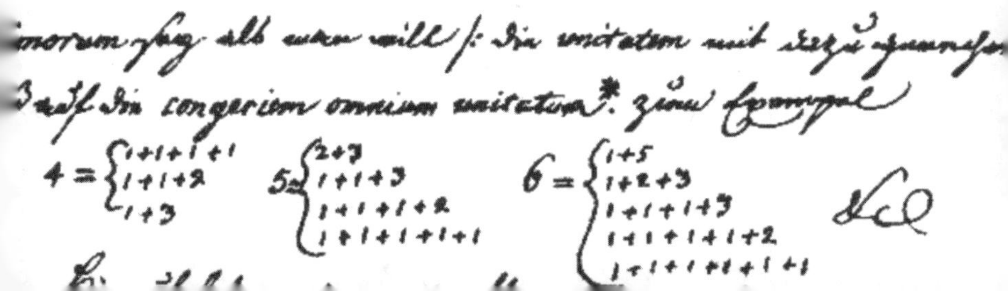

Agradecimientos

Constituye un verdadero placer sumergirse en los libros y artículos sobre las ciencias matemáticas del siglo XVIII, que no siempre están a nuestro alcance. Por eso, ante todo agradecemos a los que nos han brindado la oportunidad de acceder a la memoria conservada en las instituciones del saber. Distingamos al profesor Fernando Bombal de la Universidad Complutense de Madrid, porque ya son muchas las ocasiones en que nos ha facilitado ese acceso. A los que inventaron y facilitaron la búsqueda de conocimiento por el ciberespacio. A todos los participantes de nuestro Seminario de Cultura Matemática y en especial a los alumnos de la carrera de matemática en la Universidad de La Habana, que nos abrieron el apetito con la noticia de que un matemático chino decía haber demostrado, al fin, la conjetura de Goldbach. A nuestra competente y fiel colaboradora, la profesora Concepción Valdés, por sus acertadas recomendaciones sobre el enfoque de los dos primeros capítulos. Al profesor Antonio Pérez, nuestro amigo y principal contacto con la Editorial Nivola, por sus atenciones y experimentadas sugerencias. Si no nos ha quedado redondo el relato, no ha sido por falta de consejero.

Los autores
La Habana, 20 de noviembre de 2008
En el día del 244 aniversario
del fallecimiento de Christian Goldbach

Preámbulo

En la historia de las matemáticas hay hombres a los que se recuerda por sus múltiples aportes y otros a los que admiramos por el ingenio de sus demostraciones o la efectividad de las aplicaciones que revelan, pero no son muchos los que permanecen en nuestra memoria asociados solamente a una conjetura, al planteamiento de un problema matemático espinoso. Tal es el caso de Christian Goldbach. La conjetura de Goldbach se ha hecho tan popular que muchos la repiten sin conocer absolutamente nada de su vida y a veces sin saber las matemáticas asociadas a la búsqueda de su solución. La conjetura es muy sencilla: *todo número par mayor que 2 puede escribirse como suma de dos números primos*, pero han pasado casi 300 años y nadie ha conseguido probarla o refutarla. Pero ¿quién fue Goldbach? ¿Es que realmente no hizo ninguna otra conjetura ni demostró un solo teorema?

La vida de Goldbach es tan recóndita y atractiva como las peripecias de su famosa conjetura. Digamos que no se conoce ningún retrato suyo y que siempre se opuso a ser profesor, aunque aceptara con reservas ser el preceptor del joven zar Pedro II. Nació a finales del siglo de los genios en una ciudad fundada y conservada por el vigor de los caballeros teutónicos, y que ha dado celebridades como Immanuel Kant y David Hilbert. Viajó por toda Europa al norte de los Pirineos, incluyendo las islas británicas y Rusia. Creció en contacto con gigantes intelectuales de la talla de Leibniz, Christian Wolff y los Bernoulli, aunque su más fructífera relación fue con el magnífico Leonhard Euler, a quien sirvió como consejero y confidente durante toda su prolongada amistad. Euler no sería el único, ni el primero, que se beneficiaría de sus consejos. Ser consejero fue una íntima vocación de Christian Goldbach. A través de la correspondencia intercambió consejos con Daniel y Nicolaus II Bernoulli, con Christian Wolff y Jacob Hermann. Con menos de veinticinco años fue designado consejero del rey de Prusia y durante más de treinta y cinco años estuvo ligado, como preceptor o consejero, a los zares de Rusia, saliendo ileso de cuanta intriga y depuración se hizo en ese tormentoso periodo. Fue el secretario perpetuo de la Academia de Ciencias de San Petersburgo y uno de los más poderosos administradores de la ciencia en Rusia. Colaboró como criptógrafo en el Colegio de Relaciones Exteriores con el rango de general.

Pero Goldbach fue, ante todo, un entusiasta aficionado a las matemáticas puras. Le interesaron primero los problemas asociados al nuevo cálculo de los diferenciales, según la versión de Leibniz, y supo de los trabajos de la escuela británica y de los adelantos de los hermanos Bernoulli en los problemas de sumas infinitas, quedando prendado del tema para toda la vida. Pertenecen a este campo sus más ingeniosas y atrevidas conjeturas, aunque sean las relacionadas con los números enteros las más simples y accesibles por su formulación, pero de solución más intrincada y peliaguda.

Nuestro libro se divide en tres partes no muy extensas. En la primera paseamos junto con Goldbach por los vericuetos más atractivos de su peregrinar por Europa. Hacemos uso de una licencia literaria para poner en sus labios y en los de Euler la narración. ¡Cuánto hubiésemos apreciado encontrar un manuscrito olvidado con dos entrevistas a estas figuras! Nos disculparán aquellos que prefieran seguir la historia como una descripción fiel de los hechos, pero les confesamos que no hemos adulterado ningún dato. Lo expuesto se basa en la correspondencia de Goldbach que se conserva y, sobre todo, en las investigaciones realizadas por el historiador ruso Adolf Pavlovich Yushkevich, recogidas en sus artículos y libros, especialmente en la más completa biografía de Goldbach publicada. Nosotros solo hemos *nivolado* un poco los incidentes para tratar de hacer accesible y atractivo nuestro relato a un amplio público de lengua castellana.

En el segundo capítulo se pretende mostrar lo menos conocido, pero no por ello menos interesante, de las inquietudes de Goldbach acerca de las sumas infinitas. La mayor parte está dedicada a las subseries de la serie armónica. En particular, recreamos las variaciones eulerianas compuestas sobre temas de Goldbach, como aquella que hoy mantiene unidos los nombres de los dos fieles amigos, el *teorema de Goldbach-Euler*.

La última parte la hemos dejado para el tema más popular. La diva aquí es la conjetura, que se mantiene indomable, aunque se hayan construido tantas trampas intelectuales para someterla. Encantadoras son las andanzas de esta ingeniosa hipótesis que al comienzo del tercer milenio se valoró en un millón de dólares y aún espera su competente dueño. Es increíble que los grandes de las matemáticas del siglo XX, con la complicidad de las poderosas computadoras electrónicas, hayan conseguido demostrar que la conjetura es válida para *casi todo* número entero par y aún no hayan logrado esclarecer el misterio. Por eso es tan seductor el relato, mucho más cercano en el tiempo, de las peripecias de esta solo en apariencia inocente suposición.

Al final del libro le brindamos al lector un resumen cronológico de algunos hechos de la vida de Goldbach y su entorno sociocultural, así como una mínima bibliografía con breves comentarios.

Esperamos que disfruten con las peripecias y el ingenio de este hombre del Siglo de las Luces, que quizá no se considere entre los grandes ilustrados, pero, sin duda, tiene que ser apreciado como *consejero de los grandes*.

1 Entre los grandes

Si algo asombra en la biografía de Christian Goldbach es su relación desde muy joven con ilustres sabios y gobernantes poderosos, los grandes del siglo XVIII. En su peregrinaje por toda la Europa al norte de los Pirineos, conoció a muchos de los que hicieron posible que al siglo XVIII se le llamara el Siglo de las Luces o periodo de la Ilustración. No nos detendremos en todos los vericuetos del recorrido de Goldbach. Nos bastará mostrar quiénes fueron sus primeros maestros, sus encuentros con el gran Leibniz, con tres de los grandes de la familia Bernoulli y con el magnífico Euler, el más grande entre los grandes. No omitiremos una breve referencia a los casi cuarenta años que se mantuvo íntimamente ligado a la corte de los diferentes zares que transitaron por el imperio ruso sin que las intrigas y las depuraciones menguaran su prestigio como *consejero de los grandes*.

Las primeras influencias y el encuentro con Leibniz

Por supuesto que un buen maestro siempre es grande para un joven deseoso de saber. El primer maestro de Goldbach fue su padre, Bartolomeus Goldbach, un pastor luterano que sabía comunicar sus convicciones en las prédicas y además daba clases de historia y retórica en la Universidad de Königsberg (la actual ciudad rusa de Kaliningrado), la misma que unos años más tarde ganaría notoriedad con el profesor de lógica y metafísica Immanuel Kant. El apellido Goldbach parece surgir en el ducado eslavo de Pomerania, territorio en la costa del Báltico muy cercano a Königsberg, y al menos ha sido citado en documentos del siglo XIII de la orden teutónica que conquistó poco a poco toda la región.

Sin duda la estirpe y la erudición de Bartolomeus Goldbach, así como su abundante biblioteca, ejercieron una notable influencia en la amplitud de intereses culturales que durante toda su vida mostró Christian. Seguro que su inclinación por la poesía y por los temas bíblicos es herencia familiar. Entre los manuscritos inéditos encontrados existen varios poemas en latín y una versión de la tragedia *Absalón* sobre la historia bíblica del rebelde tercer hijo del rey David.

Poco sabemos de los años escolares, pero a partir de los diecinueve comenzó un diario que se conserva y ha sido estudiado. Su padre murió cuando Christian se hallaba en la difícil edad de los dieciocho y su espíritu inquieto aún no había encontrado el camino cierto para su realización. ¿Cómo y cuándo llegaron las matemáticas al horizonte de saberes pretendidos? No tenemos documentación para afirmar ninguna hipótesis plausible. Suponemos que la biblioteca del padre no tendría muchos textos de ciencias exactas. Lo que sabemos es que cuando Goldbach encontró al teólogo David A. Teuerlein, aficionado a las matemáticas, ya tenía intereses creados en esa dirección. El 14 de junio de 1708, en carta a Teuerlein, lo llama maestro y añade:

> *Yo siempre soñé con aplicar mis fuerzas a la aritmética simbólica y tener para esto un experimentado maestro, que me guiara a las fuentes y con nuevos problemas me impulsara a continuar adelante.*

En esta carta envía la solución de tres problemas sencillos de teoría de números. En los años siguientes continuará la correspondencia con Teuerlein sobre problemas elementales de geometría, álgebra y teoría de números. En Teuerlein halló Christian alguien culto y amable con quien discutir sobre los problemas clásicos de la Antigüedad, sobre números irracionales y sobre secciones cónicas, temas que encontraría tratados en los libros, pero cuyos encantos nadie había sido capaz de desentrañar antes.

Si las relaciones con su padre y con Teuerlein fueron influyentes en la forja de su personalidad inquieta y ávida de saber, mayor será la influencia recibida en los múltiples viajes que realizó por toda la zona del Báltico y las ciudades alemanas cercanas, donde visita monasterios, museos y bibliotecas y entabló amistad con gente experta, con quienes discutió problemas de diversos temas. En particular visita Frombork, donde se conservaban indicios de la vida científica de uno de sus héroes: Nicolás Copérnico, que pasó allí sus últimos treinta años. En Frombork se empapó de una de las doctrinas más influyentes de la época, de la que Christian había leído críticas tanto con admiración como con desprecio. No parece que Goldbach conociera entonces los trabajos de Kepler y Newton con argumentos matemáticos para explicar la mecánica celeste. Su interés era todavía ingenuo, no profundo. Poco más tarde, estando en Memel, un puerto pesquero, entabla amistad con un ingeniero del lugar con el que discute problemas de astronomía y geometría, además de geografía y magnetismo. Al parecer le interesaba profundizar en esta dirección científico-técnica. Pero no desatiende su formación humanista, pues también en el diario anota que aprende dibujo y música, particularmente violín y flauta. Pasa las noches de invierno con los maestros y médicos, con quienes comparte sus conocimientos de literatura y, en especial, de poesía. Por estas fechas termina la lectura de uno de los libros preferidos, que releerá varias veces: *Utopía*, de Jacob Biderman, un jesuita del siglo XVII que en la narración del viaje de tres jóvenes por varios rincones del mundo expone una crítica mordaz de la sociedad construida en moldes caducos y de los ignorantes políticos que no comprendían la necesidad del cambio hacia una administración más justa y racional. Todas las *Utopía* que, con diferentes títulos, se escribieron desde que el pensador humanista Tomás Moro publicara la primera en 1516, y que ganaron la preferencia de los jóvenes inquietos como Christian, eran relatos satíricos, a veces de estilo burlón, donde se exponían modelos de gobierno para una sociedad ilustrada perfecta que, aunque se suponía imaginaria e irrealizable, brindaba optimismo para continuar.

Y Christian continuó su peregrinar. Su sed de saber lo condujo por sucesivos recorridos a través de toda Europa Oriental. Además de empaparse de la cultura de esos pueblos, sus idiomas y sus costumbres, fue moldeando una personalidad cosmopolita, respetuosa y comprensiva que le facilitaría su futuro profesional como consejero de los grandes. Al cumplir la mayoría de edad ya podía contar experiencias asombrosas y estaba preparado para enfrentar otras más sorprendentes.

El hermano mayor de Christian Goldbach se había matriculado en la Universidad de Leipzig, que era una de las más antiguas de Europa y tenía una reconocida fama. Ya por esa época la ciudad recibía el nombre de *pequeño París* y pronto se convertiría en el núcleo de un movimiento intelectual innovador. Christian recordaba que su padre le había contado cómo allí su héroe Martín Lutero había vencido a los teólogos católicos en un debate público, ganando un prestigio significativo que favoreció su obra reformadora. No menos importante era que en Leipzig había nacido y estudiado el consejero del reino de Hannover, Gottfried von Leibniz, hombre ilustrado y mundano que poseía conocimientos envidiables. Leibniz estaba enfrascado en una innoble pelea por la prioridad en la introducción del nuevo cálculo y, cuando se agotaba contestando calumnias, pasaba varios días descansando en la compañía de amigos en su ciudad natal.

Pero Goldbach sabía además que esa universidad había sido objeto de un escándalo reciente cuando Christian Tomasius, filósofo y jurista, dictó las primeras conferencias universitarias en lengua alemana, provocando su expulsión por sus ideas renovadoras. Así que se matriculó en Leipzig para estar con su hermano mayor y en el ambiente intelectual que le apetecía. Pero, quizás para marcar claramente cuál era su posición, enseguida fue a visitar a Tomasius en Halle. Según parece fue bien recibido, pues al conocer su interés por las matemáticas y por entrevistarse con Leibniz, Tomasius le facilitó una visita a Christian Wolff, confeso discípulo de Leibniz en matemáticas y filosofía natural.

Este encuentro con Christian Wolff sirve para avivar aún más el deseo de Goldbach de encontrarse con Leibniz. Wolff le habla no solo de las maravillas del nuevo cálculo de los diferenciales, sino también de las profundas reflexiones filosóficas de Leibniz en los *Ensayos de teodicea sobre la bondad de Dios, la libertad del hombre y el origen del mal,* que se publicó en 1710 en dos gruesos volúmenes. Se llama *teodicea* a la teología fundada en la razón, y en ésta de Leibniz es donde aparece el razonamiento de que

La plaza del Mercado de Leipzig en 1733, durante la primera visita a la ciudad del príncipe-elector de Sajonia y rey de Polonia Augusto II.

Wolff

Christian Wolff *(1679-1754), un racionalista seguidor de las ideas de Leibniz, adquirió fama como innovador en filosofía, al desligarla de la religión y acercarla a las ciencias exactas. Fue profesor de matemáticas y filosofía natural en Halle y Marburgo y defendió con pasión la idea de que la enseñanza debía poner en primer plano el entrenamiento lógico del pensamiento.*

En 1710 se publicaron sus Elementos de todas las ciencias matemáticas, *que se reeditaron varias veces y ejercieron una poderosa influencia durante todo el siglo XVIII. Fue un difusor de las ciencias físico-matemáticas y de sus aplicaciones a la arquitectura, la geografía y la técnica y participó activamente en la publicación de enciclopedias en idioma alemán para que el saber llegara a un público más amplio.*

Posteriormente, en 1723 sería desterrado de Prusia acusado de ateísmo, en particular por haber citado en sus clases el confucionismo y haber afirmado que la razón humana podía alcanzar la verdad moral por su propio esfuerzo.

aunque vivimos en un mundo imperfecto, éste es *el mejor de los mundos posibles*. Esta idea fue rebatida por varios filósofos de la época y especialmente satirizada por Voltaire en su brillante novela *Cándido o el optimismo*.

No sabemos cuánto más de Leibniz trasmite a Goldbach el entusiasta Wolff, pero al regresar a Leipzig, exactamente el 11 de mayo de 1711, como aparece resaltado en su diario, Christian enseguida se entrevista con el filósofo. Goldbach acaba de cumplir veintiún años, mientras que Leibniz ya cuenta con sesenta y cinco. No obstante, el maestro lo escucha con admiración cuando le plantea sus inquietudes tan disímiles. Leibniz lo estimula a continuar con sus preocupaciones científicas, particularmente matemáticas. Dado su cargo como consejero del reino de Hannover, Leibniz debe viajar pronto, por lo que pide al joven que le mantenga informado de sus adelantos por medio de la correspondencia.

La primera carta la envía Goldbach desde Leipzig once días después, el 22 de mayo, pero no llega a su destinatario. A principios de septiembre la reenvía, ahora con suerte: Leibniz contestó el 30 de ese mismo mes desde Hannover. En estas tres primeras cartas los adjetivos de admiración mutua florecen y el tema principal trata sobre la posibilidad de realizar cálculos mentales. Goldbach menciona la edición latina del *Tratado de álgebra* de John Wallis, donde éste plantea la posibilidad de hallar raíces cuadradas complicadas con relativa inmediatez, lo que le parece imposible a Christian. El maestro le contesta sin embargo que considera capaz a Wallis de realizar tales cálculos mentales y le cita a Bernard Frénicle de Bessy un matemático consejero de la Casa Real de la Moneda en París, miembro de la Academia de Ciencias y a otro sueco contemporáneo sin alguna formación científica, ambos famosos por sus habilidades para esos cálculos numéricos. Según Leibniz estos portentos con educación tan distinta muestran la existencia de prodigios también en el campo del cálculo.

Las dos cartas siguientes tratan de la obra del sabio francés Pierre Gassendi *Sobre la transmisión de movimiento dada por un móvil*, impresa *post mortem* en 1658, donde se refutan las teorías de Tycho Brahe contra la rotación diaria de la Tierra. Ambos coinciden con los argumentos de Gassendi, y Leibniz le subraya que fueron confirmados con los experimentos realizados al dejar caer un cuerpo pesado en el vacío, donde el viento no actúa, y observar como éste cae según una trayectoria no rectilínea.

El 5 de marzo de 1712 Goldbach comienza un largo viaje por Europa en que visita bibliotecas, museos y tertulias de intelectuales como acostumbraba en todos sus paseos. El 9 de mayo llega a Hannover y enseguida hace dos visitas en un intervalo de menos de una semana al maestro Leibniz, pidiéndole sobre todo consejo para la continuación de su peregrinar en los Países Bajos. Al parecer, Leibniz le menciona al menos Amsterdam, Groninga, Leiden y Utrecht, y allí se dirige Goldbach. En el diario observamos que sus intereses siguen siendo amplios, sin preferencias científicas o humanistas. Concretamente, en Utrecht pasa medio mes asistiendo a las conferencias sobre literatura latina. En su diario se refiere particularmente a los comentarios brillantes del profesor sobre la comedia de Terencio y la poesía de Horacio.

En Utrecht contesta a una larga carta enviada por Leibniz donde se exponen varias cuestiones de la teoría de la música. Leibniz recuerda cómo el pueblo alemán, al hablar sobre la ignorancia de alguien, dice: "Éste cuenta solo hasta 3". Y continúa: "Pues en música nosotros somos ignorantes porque no contamos más allá del 5. Todos los intervalos musicales muestran proporciones entre los números primos 1, 2, 3 y 5. Si nosotros poseyéramos una sensibilidad mayor, podríamos llegar a acordes del número primo 7. Tales acordes realmente existen. Por eso los antiguos no negaban completamente el número 7. Pero ¿por qué también no pudiera haber alguien que apreciara hasta los números primos 11 y 13? La música es un íntimo ejercicio aritmético del alma que no puede contar". Y añade: "Así, aunque el alma no sienta el cálculo, asimila la acción secreta de este cálculo, esto es, el goce de la armonía y la molestia que se experimenta por la discordia de los sonidos". Leibniz llega hasta argumentar la posibilidad de considerar las relaciones *sordas* (con números irracionales) como $\sqrt{5} \approx 2{,}236$. Es fascinante leer estas dos cartas llenas de ideas sobre la teoría matemática de la música donde ambos, el consagrado filósofo y el apasionado novato, debaten sobre las posibilidades humanas para el deleite de la armonía. Leibniz se adelanta al señalar varias de las características ahora comunes en la música popular, en particular en el jazz.

Goldbach termina la carta haciendo referencia a sus proyectos: *En lo que se refiere a mi forma de vida, aunque el tiempo es poco, me esfuerzo en ocupar la mayor parte en conversaciones con los sabios o en la lectura de sus trabajos, pero además me propongo dominar los asuntos jurídicos. Después de los dos meses que dedicaré a admirar las más famosas ciudades de Batavia (Holanda) quisiera viajar a Inglaterra, donde seré feliz si consigo cumplir algunas de sus encomiendas...*

Después de esta carta hay un silencio en la correspondencia que se debe a que Christian ha decidido presentar en Groninga una tesis en derecho penal. Al fin lo hace el 5 de agosto con el título *Sobre los castigos por hurto*, donde refiere las prácticas punitivas en diferentes pueblos a los delitos de robo.

La siguiente carta de Goldbach a Leibniz está escrita el 19 de agosto en Amsterdam y se refiere a un reciente artículo de Leibniz aparecido en la *Historia de la Academia de Ciencias de París,* donde se debate teóricamente por qué en un clima despejado la presión del aire tomada por el barómetro de mercurio es mayor que cuando hay un clima lluvioso. Aquí Leibniz pretendía argumentar científicamente los resultados experimentales que no habían sido comprendidos por sus colegas.

Christian continúa viaje por los Países Bajos visitando diversas ciudades: Haarlem, Leiden, Delft, Roterdam y otras, donde continúa ampliando su acervo cultural. El 3 de septiembre llega al fin a Londres, donde encuentra por primera vez a uno de los miembros de la prestigiosa familia de científicos suizos Bernoulli, a Nicolaus I. Sin duda, Leibniz le había hablado con admiración de esta ilustre familia y Goldbach deseaba establecer relaciones con ella. Pero sobre los encuentros de Goldbach con los Bernoulli preferimos hablar más adelante de forma especial. Volvamos a la correspondencia con Leibniz.

Las últimas tres cartas entre Goldbach y Leibniz, escritas después del viaje a Londres, entre octubre de 1712 y la primavera de 1713, tocan los temas recurrentes de la teoría matemática de la música y el movimiento de los planetas, pero también agregan otros dos asuntos. El primero sobre la *Teodicea* de Leibniz, obra que Goldbach ha conocido por Christian Wolff y que ha leído con avidez. El otro tema tratado fue la polémica sobre la prioridad en la introducción del nuevo cálculo, asunto que no podía faltar ya que en esos tiempos se encontraba en su punto álgido.

Goldbach le cuenta que en sus conversaciones con los sabios británicos pudo escuchar suspicacias y aversiones sobre la obra del maestro. En particular le habla de que pronto será publicada una colección de cartas escritas por John Collins dirigidas a Leibniz, donde Collins explica los descubrimientos de Newton sobre el cálculo de las fluxiones antes de que Leibniz publicara sus ideas del cálculo de los diferenciales. Leibniz le contesta que no considera que en la correspondencia con Collins exista algo que pueda usarse en contra de su prioridad y no profundiza sobre esto. Como se sabe, la disputa comenzó cuando un fanático de Newton acusó a Leibniz de plagio. Al enterarse, Leibniz demandó una retractación, y explicó cómo había conocido la existencia del cálculo de las fluxiones por las obras de Wallis. Después de varios improperios por ambas partes, la Royal Society decidió crear un comité *ad hoc* que redactó un informe, publicado a principios de 1713, pero que no fue conocido por Leibniz hasta el otoño de 1714 por una carta que le enviara su amigo Johann Bernoulli. Se sabe que el informe de la Royal Society, si no fue escrito, al menos fue refrendado por el mismo Newton, quien entonces era el presidente de la institución. La cuestión fue que el prestigio de Leibniz se vio bastante deteriorado por esta circunstancia y quizás la razón de que Goldbach no continuara la correspondencia se deba a que no quería verse envuelto en este penoso asunto, que podría obstaculizar su carrera profesional y sus íntimas aspiraciones, que fueron estimuladas con su nombramiento el 3 de diciembre de 1714 como consejero de Federico Guillermo I, rey de la emergente y pronto poderosa Prusia.

En total, Goldbach y Leibniz se escribieron once cartas, la última fue escrita por Leibniz en una fecha desconocida de 1713, posiblemente en la primavera, antes de conocer el dictamen de la *Royal Society*. Mucho sería su asombro al no volver a recibir noticias del apasionado joven que con tantos bríos le planteara sus inquietudes científicas y filosóficas. Pero cierto es que Goldbach, aunque no volviera a escribirle, mantuvo una honda admiración por aquel hombre que supo escucharle y aconsejarle con humildad. En las cartas con otros amigos de estos años encontramos constantes alusiones a Leibniz y a su obra, particularmente sobre la traducción de su *Teodicea* y sobre su erudición tan enciclopédica. Más que restarle prestigio, la correspondencia de Goldbach con Leibniz le ganó la admiración de sus coterráneos.

Leibniz morirá en Hannover tres años más tarde, el 14 de noviembre de 1716, en la triste y solitaria compañía de su secretario privado. Goldbach, quizás con algo de remordimiento, le ofrendó un poema, que fue publicado en Leipzig y en varias revistas alemanas. Refiriéndose al autor del poema, el editor anota al margen las palabras siguientes: "Nosotros no podíamos dejar de transmitir a nuestros queridos lectores los maravillosos versos latinos del señor Christian Goldbach, consejero del rey de Prusia, uno de los mejores

Leibniz

Gottfried Wilhelm von Leibniz *(1646-1716) nació en Leipzig y allí estudió filosofía y derecho. Se interesó por casi todo el saber de su tiempo. En 1671 retomó una idea de Pascal y construyó una máquina de calcular. En el curso de este trabajo se interesó por el estudio formal de los algoritmos y de ahí surgió su idea de crear un algoritmo universal para la solución de cualquier tipo de problema.*

Durante su estancia en París, entre 1672 y 1676, como embajador del duque de Hannover, se relacionó con Huygens, quien le dio a conocer los trabajos matemáticos contemporáneos. Se cree que ya a finales de 1673 obtuvo sus primeros resultados originales del cálculo con diferenciales.

A partir de 1676 y hasta su muerte en 1716 fue bibliotecario y consejero del duque de Hannover. Sistematizó el uso de muchos términos matemáticos que todavía hoy empleamos, como función, diferencial, ecuación diferencial, algoritmo, abscisa, ordenada y otros. También publicó obras sobre pedagogía, paleontología, biología, derecho, política y lingüística. La polémica sobre la prioridad del cálculo lo afectó terriblemente. Murió casi en la miseria, y se dice que su sirviente fue el único que despidió a este ilustrísimo pensador.

poetas latinos de nuestro tiempo". Por supuesto, se trataba de una exageración publicitaria, pero muestra algo del reconocimiento del que ya por aquel entonces gozaba Goldbach.

Goldbach rememora sus relaciones con los Bernoulli y con los zares

En los archivos de la Academia de Ciencias de Rusia, dentro del rico legado de manuscritos de Goldbach y otros sabios que lo conocieron, encontramos dos documentos algo deteriorados e ilegibles, pero de excepcional importancia. Al parecer, uno de los funcionarios rusos contemporáneo de Goldbach fue encargado de preparar una biografía del consejero de los zares, y con este fin entrevistó al mismo Goldbach y a su amigo Euler a su regreso a San Petersburgo. La fecha que aparece en el manuscrito de la entrevista a Goldbach es del 5 de septiembre de 1760, mientras la entrevista a Euler se realizó en la primavera de 1767, tres años después de que falleciera Christian. No encontramos otras entrevistas, ni la pretendida biografía, solo estas breves páginas que transcribimos y redactamos con un lenguaje y estilo más accesibles para un lector actual. Desconocemos el entrevistador: ¿era un farsante?, ¿serán invenciones suyas estas dos entrevistas? Lo que más valoramos de este material es la imagen directa y humana que nos proporciona del consejero y por eso lo reproducimos. Pero no dudamos de que los hechos sean ciertos, considerando su formato de entrevistas como una licencia literaria. En el primer tomo de la *Historia de la Academia de Ciencias de San Petersburgo*, publicada en 1870, se hace referencia a algunos de los hechos que aquí se relatan y, por supuesto, también se citan en la muy completa biografía de Christian Goldbach confeccionada por A. P. Yushkevich y Y. J. Kopelievich publicada en ruso, en 1983, que hemos consultado.

Nos encontramos con Christian Goldbach en San Petersburgo. Hace unos meses ha cumplido 70 años de edad, la mitad de ellos en Rusia. Mantiene un porte elegante y sus maneras son delicadas, muestras de una cultura refinada y una larga experiencia en las relaciones humanas. El 16 de agosto ha sido nombrado consejero privado de los zares y tiene la responsabilidad principal de ocuparse de la educación de los jóvenes miembros de la aristocracia. Aunque Goldbach lleva tantos años en Rusia, no se ha publicado mucha información sobre su vida; y aunque son bien conocidas sus actividades como secretario de la Academia de Ciencias, fuera de allí se han forjado muchas leyendas sobre este extranjero que no bien llegó a San Petersburgo fue designado como tutor del joven zar Pedro III y después consejero de estado. Interesados en adquirir una información fidedigna, sobre todo de sus relaciones con los grandes matemáticos de la época, hemos solicitado una entrevista. Transcribimos de la manera más fiel posible los comentarios que en la tarde del 5 de septiembre de 1760 gentilmente nos ofreciera el ilustrísimo consejero de los zares. Le solicitamos humildemente que nos comentase sus relaciones con la corte, pero que por favor nos hablara primero de los Bernoulli.

Respetable señor, indudablemente esta familia Bernoulli era asombrosa. Cierto que han existido otras familias célebres, pero con tantos sabios notables no creo. Yo tuve la oportunidad de conocer personalmente a tres de ellos: a Nicolaus, el hijo de un modesto pintor, y a dos de los hijos del gran Johann, que siempre fue muy arrogante, pero también el más celebrado, tanto por sus ingeniosas soluciones a los desafíos intelectuales, como por sus excentricidades y sus improperios contra cualquiera que se interpusiera en su camino. Como los nombres se repiten en la familia, se acostumbra a decirle Nicolaus I al hijo del pintor, pues nació primero y Nicolaus II al hijo de Johann. Daniel es el otro hijo de Johann que conocí y con quien mantuve una larga correspondencia. Me parece que mejor hago el relato de mis relaciones con ellos en cierto orden, según me vaya acordando. Tenga en cuenta que han pasado muchos años y mi memoria ya no es la misma. Me voy a ayudar de este cuaderno. ¿Sabe lo que es? Es justo el diario que comencé cuando cumplí los diecinueve e inicié mi peregrinar en busca del saber.

En mis encuentros con el consejero de la casa de Hannover, Gottfried Wilhelm Leibniz, éste me había contado las excelencias de la Inglaterra británica y mis deseos de verificarlo personalmente no me dejaban dormir. Pues al fin, en el otoño de 1712, llegué a Londres con la intención de pasar al menos dos meses conociendo los prodigios tan pregonados por Leibniz. Las primeras semanas las pasé callejeando. No hubo rincón de la restaurada ciudad que no visitara. Aunque no conocí Londres antes del infausto incendio, puedo asegurarle que el trabajo de ese gran arquitecto y matemático, Christopher Wren, fue fabuloso. A finales de septiembre decidí visitar la Universidad de Oxford, la más antigua de las islas británicas. Allí me encontré por primera vez con el joven Nicolaus I. En realidad no hablamos prácticamente en esta ocasión. Todo se redujo a comunicarnos nuestros intereses comunes por los trabajos matemáticos de Leibniz y por temas jurídicos, ya que ambos teníamos títulos en derecho. Yo estuve pocos días en Oxford, suficientes para visitar la biblioteca, el Museo Ashmolean y el Teatro Sheldonian, diseñado también por Wren. No se me olvida que en el Sheldonian pude admirar una extraordinaria ceremonia oficial de la universidad, muy impresionante.

Regresé a Londres con el interés de continuar mis visitas a las grandes personalidades. En primer lugar fui a ver al astrónomo Edmund Halley, que hacía poco tiempo había ganado notoriedad con el tratado científico *Sinopsis astronómica de los cometas*. En esta obra, Halley aplicó las leyes de la mecánica de Newton a todos los datos disponibles sobre los cometas, a los que consideró como cuerpos celestes del Sistema Solar y demostró matemáticamente que éstos giran en órbitas elípticas alrededor del Sol. Me llevé una agradable sorpresa al llegar y encontrar, en animada charla con Halley, a Nicolaus I. Entonces tuvimos oportunidad de conversar algo más y comprobar que podíamos compartir varias de nuestras visitas y paseos, así que acordamos entrevistarnos con el sabio francés Abraham de Moivre, que pasaba una especie de exilio voluntario en Londres, y también convenimos pasar alguna noche por el Teatro de la Comedia.

En nuestra visita a De Moivre discutimos unas ideas mías sobre propiedades simples de los números enteros. Yo me había da-

De Moivre

Abraham de Moivre *(París, 1667-Londres, 1754) pasó cinco años en una academia de religión protestante en Sedán y estudió después lógica en Saumur. Con la expulsión de los hugonotes, el protestante De Moivre emigró a Inglaterra en 1685, se convirtió en tutor privado de matemáticas y esperó largamente para ocupar una cátedra de matemáticas, pero siendo extranjero estaba en seria desventaja. Fue elegido miembro de la* Royal Society *en 1697. A pesar de la eminencia científica de De Moivre, sus resultados más importantes no fueron reconocidos por sus contemporáneos y murió en la pobreza.*

do cuenta de que la diferencia entre un número cuadrado y 2 no se divide por 3, es decir, que la ecuación $x^2 - 2 = 3n$ no tiene solución para n y x enteros. A los magníficos Nicolaus Bernoulli y Abraham de Moivre les gustó mucho este tipo de problemas y estuvimos un buen rato tratando de probar resultados semejantes sobre la división por 9, en particular sobre la posibilidad de solución en enteros de las ecuaciones $x^p - 3 = 9n$ o $x^p - 6 = 9n$, que días después conseguí probar. Nicolaus habló de su tesis desarrollada bajo la guía de su tío Jacob sobre *Sumas infinitas y su aplicación a la cuadratura de áreas y la rectificación de curvas*, que después me obsequió, pero que entonces encontré oscura y realmente difícil de comprender.

Seguro que le interesa saber los comentarios que hizo Nicolaus sobre su tío Jacob, el primero de la familia en recibir un título universitario, siendo además quien encaminó a Johann por los senderos de las ciencias matemáticas. Nicolaus se sentía muy agradecido por todo lo que Jacob había influido en su vida profesional. Jacob había usado sus dotes de persuasión para convencerlo de que hiciera una carrera académica y le prometió que él personalmente se encargaría de formarlo en las ciencias matemáticas. Jacob le brindó todo lo necesario para culminar los estudios de filosofía con una tesis sobre sumas infinitas. Según Nicolaus, el tío Jacob era muy severo y temperamental, por lo que tuvo que soportar sus reproches y cumplir muchos castigos. Pero gracias a esta exigencia defendió su tesis con 17 años. El día de la lectura de la tesis, Jacob, en lugar de felicitarlo, le dijo: "Esto es solo un primer paso, mañana mismo comenzaremos la preparación de tu tesis de doctorado". Nunca supo si la premura se debía a su forma rigurosa de actuar o a que sabía que su enfermedad lo consumía y no tenía tiempo que perder. La cuestión es que enseguida le entregó otros manuscritos sobre lo que llamaba el *arte de las conjeturas*, donde recogía sus comentarios críticos de los trabajos del gran geómetra holandés Christiaan Huygens y exponía ideas sobre los juegos de azar con una originalidad y aparente simpleza que lo cautivaron.

Fatalmente, el tío Jacob no pudo ayudar mucho más a Nicolaus. Cayó en cama con problemas respiratorios graves y pasado un año después de que Nicolaus comenzara el doctorado, murió. Su tía lo llamó a su residencia y le entregó todos los manuscritos de ciencias matemáticas. Una gran parte era la correspondencia con Leibniz y reflejaba las primeras ideas sobre el uso del nuevo cálculo de diferenciales para el estudio de las curvas. Otra parte era su manuscrito del *Arte de las conjeturas*, que parcialmente ya conocía, y su diario con anotaciones valiosísimas. Su última voluntad fue que pasaran a su custodia. Recuerdo que mucho después, estando en San Petersburgo, recibí la edición que Nicolaus hizo del *Ars conjectandi* con el apéndice de las cinco tesis sobre sumas infinitas orientadas por Jacob, y entonces, con la ayuda de mi amigo el gran Leonhard Euler, pude andar con mayor celeridad por los vericuetos de los cálculos y las transformaciones analíticas. Disculpe la digresión algo latosa, son los años y la carga que acarreo con ellos.

Unos días después del encuentro en casa de Abraham de Moivre decidí conocer el otro campus universitario importante de Inglaterra. Así que visité Cambridge, donde quedé felizmente impresionado con la biblioteca y las diferentes colecciones de manuscritos antiguos, sobre todo de los griegos, en el *Trinity College*. A mi regreso a Londres volví a visitar a De Moivre y allí encontré de nuevo a Nicolaus. Fue una velada magnífica donde además de las sustanciosas conversaciones tuvimos oportunidad de escuchar, tocadas por el hijo de Abraham, unas sonatas para flauta alemana que un músico de Hannover llamado Händel acababa de traer a Londres.

Uno de los temas que abordamos en nuestra conversación versaba sobre el famoso problema de la determinación de la longitud. Los trabajos teóricos de Christiaan Huygens habían abier-

Placa conmemorativa que recuerda a Händel en la casa londinense en que vivió y murió (cortesía V. Fernández Villalba).

Nicolaus I Bernoulli

Nicolaus I Bernoulli *(1687-1759) publicó poco. Se prodigó más en su abundante correspondencia, dirigida a un selecto círculo especializado. Son unas 570 cartas, entre ellas las dirigidas a Leibniz y a Euler, muy pocas a Goldbach.*

Dejó varios manuscritos inéditos que trataban sobre matemáticas, mecánica y astronomía, algunos preparados para su publicación. Estos manuscritos, al igual que su correspondencia, fueron seleccionados por él mismo antes de donarlos a la biblioteca de la universidad. Nicolaus, con el inusitado rigor que lo caracterizaba, determinó lo que la posteridad debía conocer sobre su persona. No se ha hecho ninguna recopilación de toda su obra, pero según plantean sus biógrafos ésta justifica la alta estima que inspiraba a sus contemporáneos. Muestra de este prestigio es que fuera elegido en cuatro ocasiones rector de la Universidad de Basilea.

Su actividad matemática favorita era evaluar y criticar los fundamentos y la organización lógica de una teoría en lugar de explotar lo obvio o aplicar técnicas conocidas. Toda su herencia científica revela una mentalidad aguda y perspicaz, criticando severamente los fallos lógicos y las insuficiencias en los argumentos de otros. Por ejemplo, en su correspondencia con Leibniz y con Euler se refiere al indiscriminado uso que se hacía de las sumas infinitas. En cierta forma Nicolaus I Bernoulli fue un precursor de la actitud crítica racionalista del pensamiento matemático en el siglo XIX. Quizás este criticismo tan acerado no le permitiera publicar los resultados de sus investigaciones científicas.

to las esperanzas de construir un instrumento preciso de medición del tiempo, pero por muchos que fueran los intentos de suizos, holandeses o ingleses, todavía no se había conseguido construir un cronómetro fiable. Yo me sentí tan anonadado por los conocimientos mostrados por Nicolaus en el arte y la ciencia de la relojería, que confesé mi ignorancia e interés en el asunto. Entonces De Moivre nos habló de un famoso maestro relojero de la ciudad y nos pusimos de acuerdo para visitarlo los tres juntos. En el taller pudimos apreciar relojes con mecanismos muy precisos y con una construcción singular. Nicolaus me explicó los aspectos matemáticos relacionados y quedé muy agradecido por sus enseñanzas. Después de esta visita no nos volvimos a encontrar en Londres.

A finales de noviembre viajé al continente. Transcurrieron nueve largos años hasta que, en los últimos días de junio de 1721, visité la bella ciudad de Padua. Allí me tropecé de nuevo con Nicolaus I y pudimos rememorar nuestros primeros encuentros. Nicolaus era ya un célebre profesor de matemáticas en la cátedra Galileo de la antigua Universidad de Padua, famosa por tener una de las más completas bibliotecas de Europa, que atesoraba una amplia colección de incunables. Me satisfacía ver que mi amigo, el brillante Nicolaus I Bernoulli, hubiera encontrado un lugar digno de su talento. Para mi asombro, me contó que llevaba cuatro largos años allí y, a pesar de que las condiciones de trabajo eran tan propicias, a los dos años de su estancia en Padua ya anhelaba volver a Basilea y reunirse con su familia y sus amigos. Poco tiempo después me enteré de que Nicolaus prefirió regresar a Basilea, y trabajar en la cátedra de lógica de la universidad, antes que continuar en la cátedra Galileo de Padua, con todo el prestigio que ésta representaba. No volveríamos a encontrarnos.

Tengo que volver un poco atrás en el tiempo para contar mi encuentro con el otro matemático Nicolaus de la familia Bernoulli. Le dije que en junio de 1721, estando en Padua, me tropecé de nuevo con Nicolaus I. Pues un mes antes, en Venecia, había conocido a Nicolaus II Bernoulli. El aspecto de este Nicolaus era muy diferente al del otro. Se le veía demacrado, frágil.

En efecto, me enteré de que había llegado a la región del Véneto buscando la pureza del aire marítimo, la belleza del Adriático y el sosiego de la llanura paduana y los Alpes Dolomíticos en sus alrededores. Pero en aquel cuerpo endeble enseguida se traslucía un espíritu inquieto potenciado por una mente brillante. Quizás este contraste entre cuerpo y alma fuera el que consiguió dejar en mí tan profunda impresión. Nicolaus contaba entonces con solo 26 años. No obstante, su padre le había puesto al corriente de todos los detalles del arte y la ciencia del nuevo cálculo de los diferenciales. Fue gracias a Nicolaus que conocí los misterios de la ecuación diferencial de Riccati y enseguida este tema se convertiría en el principal motivo de nuestra correspondencia durante más de un año.

Mi correspondencia con Nicolaus duró hasta su prematura muerte y, después de agotarnos con el problema de la ecuación de Riccati, tratamos también otros asuntos vinculados al nuevo cálculo, como la interpolación con sumas infinitas y los desarrollos en series de potencias. Fue Nicolaus II quien me recomendó que escribiera a su hermano Daniel, al que admiraba por su capacidad tanto para los temas teóricos como los prácticos. Realmente a mí no me interesaba la matemática por sus aplicaciones, sino por la belleza y la distracción que encontraba al enfrentar sus desafíos y enigmas. Por eso tardé en escribirle. No fue hasta la primavera de 1723 que decidí contarle a Daniel mis preocupaciones matemáticas y así continuamos escribiéndonos durante más de ocho años, hasta que comprendimos que *nuestros intereses divergían con el tiempo*. ¿Le parece muy fuerte esta afirmación? Pues a mí me parece clara y justa. Puede comprobarlo en nuestras cartas, que son más de setenta. Al principio eran frecuentes los temas de teoría de números, mis favoritos. También intercambiamos ideas sobre las variantes generalizadas de la ecuación de Riccati. El llamado *juego o paradoja de San Petersburgo*, relacionado con el cálculo de probabilidades, fue objeto de varias cartas, que compartimos con Jacob Hermann, otro alumno de Jacob Bernoulli que yo admiraba por sus escritos tanto filosóficos como matemáticos, pero que no conocí personalmente hasta que regresé a

El conde Riccati y la ecuación diferencial $\frac{dy}{dx} = ay^2 + bx^n$

Jacopo Francesco Riccati *(1676-1754) nació en Venecia cuando esta república había pasado a ser de segundo orden. Llegó a Padua con el objetivo de estudiar y después ejercer las ciencias jurídicas, pero sus amigos, que conocían sus dotes, le instaron a que se dedicara a las matemáticas. Sus trabajos en hidráulica, siguiendo una tradición que se remontaba a Sexto Julio Frontini, Vitrubio y demás arquitectos de la antigüedad clásica romana, fueron muy útiles en Venecia para la construcción de diques en los canales. Esto le ganó fama y rápidas ofertas de diferentes centros.*

Riccati trabajó en el péndulo cicloidal, las leyes de resistencia en un líquido y la geometría diferencial de curvas y superficies, aunque es conocido sobre todo por la ecuación diferencial que lleva su nom-

Prusia. Y además discutimos sobre los temas de integración de funciones irracionales o de suma de series, en los que llegué a desarrollar una especial habilidad. Todos estos temas de matemática pura y otros que mi memoria no me ayuda a recordar los tratamos con insistencia.

bre, de la cual hizo un estudio completo. Jacob y Johann Bernoulli habían estudiado antes casos particulares de esta ecuación. La primera referencia la encontramos en un breve artículo de Johann, aparecido en el Acta Eruditorum *(1694), donde plantea la ecuación y declara que no sabe si será posible resolverla con el método de separación de variables. Esto fue considerado un desafío por Jacob Bernoulli, quien se dedicó al caso particular:*

$$\frac{dy}{dx} = y^2 + x^2$$

Jacob representó la solución en forma de una serie de potencias.

Tal solución no fue admitida como definitiva por sus contemporáneos, y así quedó abierto el desafío durante más de veinte años hasta que Riccati la estudió en su forma más general y publicó sus resultados mediante un anagrama en el Acta Eruditorum. *Por mucho tiempo se buscaron las condiciones para que la solución pudiera expresarse con funciones elementales. Hoy sabemos que la solución general solo puede darse con la utilización de las funciones especiales llamadas cilíndricas.*

Las diferentes generalizaciones de la ecuación de Riccati, algunas investigadas por Euler a instancias de Goldbach, mantienen hoy todavía el interés de especialistas en sistemas dinámicos por sus características y porque aparecen en la modelación de varios problemas importantes de la mecánica.

Pero, desde que Daniel llegara a la Academia de San Petersburgo su interés se centró en los problemas hidráulicos y otros semejantes de mecánica de los fluidos, es decir, temas de matemáticas mixtas. Puede ver mis cartas de finales de la década de 1720 donde yo le preguntaba cuestiones de integración de las binomiales o de sumas de series, y sus respuestas eran siempre evasivas porque los trabajos de hidromecánica no le dejaban tiempo para otras disquisiciones teóricas. No se me olvida la última carta donde Daniel me planteó un problema de matemática pura, fue en la primavera del 29. Daniel me aseguraba que salvo en casos triviales los logaritmos hiperbólicos, como ln 2 o ln 13, se podían representar mediante sumas infinitas de números racionales, pero no era válido expresarlos como números racionales ni como cocientes con radicales del tipo:

$$\frac{a + b\sqrt[p]{c}}{d + e\sqrt[q]{f}}$$

Sin embargo no lograba demostrarlo. Le respondí que estaba de acuerdo y añadí que conocía infinidad de series de números racionales que no podían tener suma racional o irracional algebraica. No recibí respuesta inmediata, pero cuando escribió solo me preguntó por ejemplos concretos y entonces le di el siguiente:

$$\frac{1}{10} + \frac{1}{100} + \frac{1}{10000} + \cdots + \frac{1}{10^{2n-1}} + \text{etc.}$$

Enseguida me contestó que le había gustado el ejemplo, pero que había dejado a un lado un asunto tan especulativo. Estaba muy ocupado en ciertos problemas sobre la acción de los fluidos en cuerpos sólidos y sobre el movimiento de los cuerpos sólidos en los fluidos, temas por los que yo no mostré el menor interés. Así que poco a poco nuestra correspondencia se hizo menos frecuente, y mucho antes de que Daniel decidiera regresar a Basilea, en 1733, ya nuestras relaciones se habían enfriado.

Hay otros hechos que quisiera aclarar, si me lo permite. La invitación que hice a Nicolaus II para trabajar como profesor en la Academia de San Petersburgo se ha contado de muy diversas formas y, como siempre, hay una más verdadera que las otras. Permítame comenzar un poco antes para que sea más claro el discurso.

Después de mi largo peregrinar, que comencé en agosto de 1718 y culminé en abril de 1724, regresé a Prusia, donde al fin co-

Los números transcendentes

Por mucho tiempo los matemáticos dividieron los números en racionales e irracionales, sin separar las irracionalidades algebraicas y las trascendentes. En el siglo XVII se llegó a la comprensión de que, aunque no se supiera demostrar, existían funciones con valores no algebraicos, valores que Leibniz, en un artículo de 1684, llamó trascendentes. *Entonces comenzaron las investigaciones sobre la naturaleza aritmética de algunos números notables como π. Acotemos que John Wallis, ya en 1656, consideraba que π no era representable en la forma común de las irracionalidades $\sqrt[n]{a}$. La definición moderna de números trascendentes como aquellos que no son solución de ninguna ecuación algebraica con coeficientes racionales, la dio Johann Lambert en 1766, en el artículo donde prueba la irracionalidad de π y de e. Lambert estaba convencido de que ambos números eran trascendentes, pero no le fue posible demostrarlo. La trascendencia de e fue probada por Charles Hermite en 1873 y la trascendencia de π en 1882 por Karl Lindemann.*

En lo que se refiere al número propuesto por Goldbach:

$$\frac{1}{10} + \frac{1}{100} + \frac{1}{10000} + \cdots + \frac{1}{10^{2n-1}} + \text{etc.}$$

su trascendencia fue probada por el ruso Rodion Kuzmin en 1938.

Resulta significativa la intuición aritmética que durante toda su vida mostró Goldbach. Son prueba de ella las innumerables conjeturas y ejemplos ingeniosos que sin argumentos lógicos sabía exponer, de forma tal que convencía a sus grandes colegas para buscar su prueba o refutación.

nocí personalmente a Jacob Hermann que, como dije antes, con sus libros influyó notablemente en mis inclinaciones filosóficas y matemáticas. Hermann y su amigo el catedrático de filosofía y física en Tubinga Georg Bernhard Bilfinger se aprestaban a viajar a San Petersburgo animados por Christian Wolff. Me contagiaron su entusiasmo y decidí enviar una carta al presidente de la nueva Academia de Ciencias de San Petersburgo preguntando por la posibilidad de contratación. Por entonces yo tenía cuatro artículos publicados que, aunque no eran algo extraordinario, si se unían a mi experiencia como consejero del reino de Prusia y al prestigio ganado en mis viajes y visitas a ilustres sabios de la época, podrían avalar la contratación en algún puesto vacante.

Primero me rechazaron con el argumento de que ya tenían profesores suficientes, pero más tarde me ofrecieron el puesto de profesor de historia. Yo planteé que no me interesaba ser profesor, pues no tenía experiencia como tal, que me habían aprobado una tesis en derecho penal y mi experiencia mayor era como consejero privado en Prusia. Entonces al señor presidente se le ocurrió que podría ser el secretario de la Academia, con la obligación de escribir las actas de las reuniones, preparar la edición de las obras y conservar los documentos que se precisaran para llevar la historia de la institución. Junto con el bibliotecario me ocuparía además de la correspondencia entre los académicos y otros sabios de Europa. Este cargo era similar al que durante más de veinte años venía desarrollando en la Academia de París Bernard de Fontenelle, un talentoso escritor y divulgador de la ciencia del que mucho había oído en mis viajes. Así que me impuse dos deberes: ser reconocido como *el Fontenelle de San Petersburgo* y aprender las matemáticas que necesitaba para comprender las discusiones y los trabajos de los académicos.

Antes de viajar a San Petersburgo me atreví a proponer la contratación de Nicolaus II Bernoulli, que tan magnífica impresión me había causado. La correspondencia sobre el tema tanto con Johann, el patriarca de los Bernoulli, como con sus hijos, se prolongó varios meses, más de un año. Ya estando en funciones como secretario de la Academia recuerdo haberle escrito a

Johann sobre mi recomendación a las autoridades rusas para que Nicolaus ocupara la cátedra de mecánica con un salario de 1000 rublos, que en poco tiempo se podría elevar a 1500 al año.Por cierto, este era el mayor salario propuesto a ninguno de los candidatos a formar parte del proyecto de la Academia de Ciencias del zar Pedro el Grande. A mí como secretario solo me correspondían 600 rublos, claro que yo tenía ciertas prerrogativas que con el tiempo fueron aumentando. Johann contestó que prefería que fuera Daniel el elegido para viajar a San Petersburgo, señalando la mala salud de Nicolaus. Daniel se enteró de la invitación y le escribió a Nicolaus. Los dos se pusieron de acuerdo en que no aceptarían la invitación si no era para ambos. Nos lo plantearon a Johann y a mí, diciéndonos que estaban de acuerdo en compartir los honorarios si era necesario. Así fue cómo llegaron los dos a San Petersburgo, Nicolaus para la cátedra de mecánica con 1000 rublos de salario y Daniel para la de fisiología con 500. Esa es la versión fidedigna que recuerdo de los hechos.

Como sabéis, el tiempo le dio la razón al patriarca de los Bernoulli, pues la salud de Nicolaus se resquebrajó completamente y murió en menos de un año. Como secretario de la Academia hice la nota necrológica y un prólogo a los tres tomos de las *Obras escogidas de Nicolaus Bernoulli, hijo del ilustre Johann, catedrático de matemáticas en la Universidad de Basilea*, publicadas por la Academia en 1728.

Espero que haya quedado claro que fue Nicolaus II el primero de los Bernoulli en recibir la invitación, debido a su prestigio ganado sobre todo durante su estancia en Venecia. No es que Daniel fuera inepto, ni mucho menos, pero en comparación con la originalidad y agudeza del hermano, sus trabajos de matemática pura son menos significativos. Quizás en las matemáticas mixtas Daniel le aventajara. Pero para brillar en las aplicaciones a Daniel le fueron muy útiles los conocimientos teóricos que Nicolaus le transmitiera cuando su padre lo nombró tutor matemático de sus hermanos. Yo he encontrado ideas maravillosas en sus manuscritos y en su correspondencia, tanto para la resolución de ecuaciones diferenciales como para abordar problemas de

Nicolaus II Bernoulli

Nicolaus II Bernoulli *(1695-1726) era el primogénito y el preferido de Johann Bernoulli. A los 8 años hablaba alemán, francés, holandés y algo de latín. Tenía 13 años cuando comenzó la universidad y a los 16 ya era licenciado en filosofía. Con solo 20 años de edad, obtuvo el grado de doctor en ciencias jurídicas y, como era costumbre en la familia, se lanzó a un largo viaje por Italia y Francia que duró tres años y donde conoció a varios sabios con los que mantuvo correspondencia, como Riccati y Varignon. Cuando regresó, el padre le dio la tarea de que fuera el tutor de sus hermanos menores, Daniel y Johann II, en su iniciación a las ciencias matemáticas.*

mecánica de fluidos, como aquellos que le robaban el tiempo a Daniel. Sobre todo son interesantes sus cartas a Pierre de Varignon, a quien Nicolaus conoció en su viaje a París. Le digo que en realidad no sé qué hubiera sido de la vida profesional de Daniel sin las enseñanzas de Nicolaus. Como el padre solía decir, Nicolaus era el mejor de todos...

Con la pérdida de Nicolaus, Daniel pasó a la cátedra de mecánica y propuso a su compatriota y amigo Leonhard Euler

Fue el único que tuvo valor para mostrarle al padre sus errores y el que intentara resolver los problemas que el gran Johann dejara de lado por encontrarlos difíciles. Al padre no le gustó que se trasladara a Venecia. Pero las cátedras en la universidad estaban todas ocupadas y Nicolaus prefería estar cerca de Riccati, quien tan buena impresión le causara en su viaje anterior. En Venecia estuvo dos años ganándose la vida como profesor particular de hijos de burgueses acomodados y profundizando sus conocimientos de cálculo infinitesimal.

Se enteró por un amigo de que en Berna, aunque no había universidad, existía una Facultad de Ciencias Jurídicas que necesitaba profesores. En esta ciudad permaneció hasta que le llegó la noticia de la posibilidad de trabajar en la recién fundada Academia de Ciencias de San Petersburgo. Nicolaus enfermó a los nueve meses de llegar a San Petersburgo y no pudo reponerse. En el primer volumen de los Comentarios de la Academia de San Petersburgo *aparece una nota necrológica escrita por Christian Goldbach y dos artículos de Nicolaus:* Sobre el movimiento de un cuerpo después de un impacto *y* Análisis de la ecuación diferencial de Riccati.

para la plaza de fisiología. Así fue cómo pude conocer a quien, a pesar de ser diecisiete años más joven, se convertiría en mi mejor corresponsal y confidente de mis elucubraciones matemáticas. Sobre mis relaciones con Euler es mejor que le pregunte a él, que tiene una portentosa memoria; ahora está en Berlín, en la Academia, pero en sus últimas cartas me comunicaba su deseo de volver a San Petersburgo, así que tendrá seguro la oportunidad de entrevistarlo. Permítame ahora describirle someramente mis vínculos con esos grandes que fueron *los zares de todas las Rusias.*

Daniel Bernoulli

Daniel Bernoulli (1700-1782) nació en Groninga (Holanda), donde su padre Johann I Bernoulli era catedrático de matemáticas. Estudió en la Universidad de Basilea, donde obtuvo el doctorado en medicina. Fue uno de los primeros contratados para fundar la Academia de Ciencias de San Petersburgo, donde estuvo de 1725 a 1733. A su regreso a Basilea obtuvo la cátedra de fisiología y en 1750 la cátedra de mecánica.

Fue el más multifacético de los geómetras Bernoulli. Destacó en matemáticas puras en campos como la teoría de ecuaciones diferenciales, el cálculo de probabilidades y la suma de series infinitas, pero sobre todo se apasionó por las matemáticas mixtas en temas tales como la náutica, la mecánica racional, la teoría de la elasticidad y la teoría de la música. Su obra principal es la Hidrodinámica, *publicada en 1738. Fue dos veces rector de la Universidad de Basilea y siempre se sintió comprometido con su desarrollo. Ganó diez premios de la Academia de Ciencias de París sobre temas de gran importancia, siendo superado tan solo por su amigo Leonhard Euler, que ganó trece.*

Pedro I el Grande, óleo de Paul Delaroche (1797-1856) realizado en 1838.

Me parece que debo comenzar el relato con Pedro I el Grande. A pesar de no haberlo conocido personalmente, jugó un papel importante en mi decisión de pasar los últimos años de mi vida sirviendo a los zares. En 1721 Pedro I fue proclamado *zar de todas las Rusias,* es decir, emperador de un gigantesco territorio y de una inmensa población con un grado de analfabetismo e incultura también enormes. Pedro I se propuso cambiar radicalmente esta situación. Enseguida comisionó a su bibliotecario Johann Schumacher para que visitara las principales ciudades de

Alemania, Francia, Holanda e Inglaterra y se familiarizara con la vida académica y universitaria. Además, le encomendó que tanteara la posibilidad de contratar sabios y maestros para trabajar o al menos colaborar en la fundación de una academia de ciencias en la flamante San Petersburgo que tuviera funciones docentes similares a las de una universidad. El viaje duraría dos años y el mismo zar visitaría de incógnito a alguno de los sabios que Schumacher le había señalado como principales consejeros, aunque no pudieran acceder a la contratación. Tal fue el caso del viejo y experimentado Leibniz y de Christian Wolff. Este último recibió una propuesta jugosa de 2000 rublos anuales, pero según me contó Schumacher, Wolff solicitó además 20000 rublos de adelanto y el cargo de presidente de la Academia. Exigencias que no pudo aceptar el zar, porque como bien le contestara Schumacher: "Pedro I no era Alejandro de Macedonia, ni todas las Rusias juntas se podían comparar con el inmenso imperio del Magno". No obstante, le contrataron para encontrar candidatos a permanecer largos periodos en Rusia. Así captaron a Jacob Hermann para la cátedra de matemáticas y a Georg Bilfinger para la cátedra de física, al astrónomo francés Joseph de L'Isle y más tarde, por mi recomendación, a Nicolaus II en la cátedra de mecánica y a Daniel Bernoulli para la cátedra de fisiología. Los contratos no fueron equitativos y dependían de la negociación con cada uno. Pero todos incluían vivienda en los predios de la Academia, calefacción y alumbrado, además de un decoroso sueldo. Todo esto fue ajustándose con el paso del tiempo y la experiencia.

Se me pasó decir que antes de que se inaugurara la Academia, exactamente el 8 de febrero de 1725, murió Pedro I y asumió el poder su esposa Ekaterina I bajo los consejos del influyente príncipe Aleksandr Danilovich Menshikov. Yo llegué en agosto y poco después, en diciembre de 1725, fui designado oficialmente secretario de la Academia de Ciencias de San Petersburgo.

La zarina Ekaterina I no tenía hijos y designó como heredero al sobrino de Pedro I, Pedro Alekseiev, que tenía solo diez años y al omnipotente príncipe Menshikov como su tutor. Pero Menshikov no podía encargarse de la formación integral del heredero, así que necesitaban un preceptor. Por entonces yo me había destacado por mi labor administrativa en la Academia y por la amplia cultura que había adquirido en mis viajes y había demostrado en las conversaciones informales y reuniones oficiales con diferentes personalidades allegadas al consejero Menshikov. Para conocerme mejor, el príncipe me invitó a su palacio en las afueras de San Petersburgo. Allí, después de una suculenta comida, pasamos una agradable tarde conversando y jugando al ajedrez. Dos semanas más tarde, a través del presidente de la Academia, me llegó la propuesta de ser el educador del futuro zar. Al principio me negué, pues no tenía experiencia como profesor y además implicaba una responsabilidad enorme. Pero cuando la zarina Ekaterina enfermó gravemente, insistieron y no pude negarme, siempre con la condición de que en el contrato se me eximiera de la obligación de impartir clases, limitándome a velar responsablemente por la formación integral del futuro zar. Así que me ofrecieron un jugoso contrato como tutor de Pedro II. Podía conservar mi cargo de secretario de la Academia con 800 rublos de salario anual, más 1200 rublos como preceptor, además de alojamiento y comida en las dependencias de la corte. En la práctica todos olvidamos las condiciones del contrato y terminé dando clases de matemáticas al heredero y a su hermana, además de formar parte del acompañamiento habitual en sus paseos.

El contrato se firmó en mayo, pero cuál no sería mi desgracia cuando en septiembre el responsable de mi nombramiento, el príncipe Aleksandr Danilovich Menshikov, fue arrestado y enviado a Siberia. Asumió la regencia la familia Dolgoruky, famosa por su enemistad con Menshikov y por sus intrigas palaciegas.

Entonces pensé que me iban a enviar junto a Menshikov a Siberia. Sentí pánico cuando fui llamado a la corte y el *Mano larga* me pidió que tomara asiento frente a él [*aquí Goldbach hace gala de su conocimiento del ruso, pues Dolgoruky puede traducirse como "larga mano"*]. Y cuál no sería mi asombro cuando me informó de que el zar viajaría a Moscú y de que yo como su tutor debería acompañarlo. El 25 de enero de 1728 viajé por primera vez a la imponente ciudad de Moscú junto a todo el séquito del zar.

La influencia de Goldbach

Aunque se sucedieran las purgas administrativas, Goldbach consiguió mantener su influencia. Dominaba el latín, el francés, el alemán y entendía algo de ruso, además de tener un amplio círculo de amigos influyentes. En 1742 ingresó en el Colegio de Asuntos Extranjeros con el rango de consejero de estado, realizando funciones que hoy corresponderían a las de criptógrafo oficial. Sus responsabilidades en la Academia se redujeron después de ampliarse su status en el ámbito de las relaciones exteriores. Al cumplir los 70 años recibió honores y reconocimientos, siendo designado consejero privado de los zares, dedicándose a la educación integral de sus hijos y otros familiares. Al morir Isabel Petrovna en 1762 volvió a sentir el temor de un viaje a Siberia. Pero el heredero Pedro III pronto fue defenestrado por los nobles y por su esposa, una princesa alemana que enseguida fue coronada emperatriz de todas las Rusias y reconocida con el nombre de Ekaterina II la Grande. Una vez más Goldbach mantuvo el cargo honorífico de consejero privado. El 1 de diciembre de 1764 murió plácidamente en su amplio lecho, en uno de los aposentos de la corte en San Petersburgo.

Como sabrá, mi tutoría fue efímera. Dos años más tarde Pedro II murió de viruela y Anna Ivanovna, sobrina del emperador Pedro I el Grande, fue nombrada emperatriz de Rusia. Volví a sentir pánico pensando en mi futuro en Siberia. Pero otra vez mis méritos y mi cultura primaron, al parecer, frente a cualquier otro criterio y continué sirviendo como consejero a la zarina otros dos años, allí mismo en Moscú, hasta que en el 33 me nombraron presidente provisional de la asamblea de la Academia de Ciencias y tuve que venir a San Petersburgo. Debo subrayar que, no obstante, los zares siempre me han considerado uno de sus principales asesores, aun cuando no contara con un nombramiento oficial, y siempre, ante cualquier asunto relacionado con la educación o a la ciencia, han solicitado mi criterio.

Poco a poco mi poder administrativo fue creciendo y desde 1737 organizo la vida de la Academia junto con Johann Schumacher, además de ser uno de los consejeros principales de la zarina. ¿Que cuántos zares han solicitado mis consejos? Pues no los he contado... desde Ekaterina I se han sucedido Pedro II, Anna Ivanovna, Iván VI y, por último, Isabel Petrovna, que tantos logros culturales y políticos ha sabido obtener y a la que todos en la corte nos sentimos tan agradecidos.

Realmente no puedo quejarme, no me ha ido tan mal con la decisión de abandonar definitivamente mi patria natal y adaptarme a las costumbres rusas. Me siento aquí reconocido y justamente preciado, y a pesar de las intrigas y luchas intestinas en las que me he visto envuelto, he aprendido a flotar y nadar de forma que la corriente no me arrastre a la Siberia, por lo que pienso terminar mi vida junto a los zares.

Euler nos revela su valoración de Goldbach

Estamos en la primavera de 1767 y, como nos había sugerido antes el mismo Christian Goldbach, hemos solicitado una entrevista al celebérrimo académico Leonhard Euler para que nos hable de una relación que se prolongó durante más de 35 años. Euler acaba de cumplir los 60 y giboso, enclenque y casi ciego, sigue siendo aclamado como el más ilustre de los matemáticos vivos. Retornó a San Petersburgo el año pasado, requerido por Ekaterina II, después de una fructífera colaboración de 25 años en la Academia de Berlín. Ha sido muy comentado que al presentarse el famoso geómetra ante la zarina, y al preguntarle ésta cuáles eran sus aspiraciones, Euler no vaciló en decirle que quería ser considerado con el mismo respeto y confianza que su amigo Christian Goldbach, como un general al servicio de Rusia. A lo que Ekaterina le respondió: "Respetable señor, Rusia tiene muchos generales a su servicio, pero Euler solo hay uno". *El ilustrísimo ha recibido los máximos honores y toda su familia lo acompaña en un majestuoso palacio en las afueras de San Petersburgo. Le hemos comu-*

nicado nuestro interés de que nos hable de lo que representó Christian Goldbach para su desarrollo matemático. Con esa humildad que lo caracteriza nos recibe sin protocolo en su cómodo despacho y nos hace el relato que transcribimos a continuación.

Me encontraba en Berlín cuando supe de la muerte de mi entrañable amigo Christian Goldbach. La noticia tuvo un impacto tremendo en mí. Nos habíamos conocido en 1727, algo después de mi llegada a San Petersburgo y poco antes de su nombramiento como tutor del zar Pedro II; Christian era todavía el secretario de la Academia de Ciencias. Me causó una gratísima impresión por sus modales tan refinados y por una cultura científica que transpiraba con naturalidad, sin rasgo alguno de

Euler

Leonhard Euler (1707-1783) estudió matemática elemental con su padre y otros profesores particulares como Johann Bernoulli. Su vida la podemos dividir en cuatro etapas: formación general en Basilea (hasta 1727), experiencia profesional en Rusia (1727-1741), madurez científica en Berlín (1741-1766) y vejez productiva en San Petersburgo (1766-1783).

pedantería. Era mucho mayor que yo, que entonces acababa de cumplir los 20 años y no obstante me sentí tratado con el mismo comedimiento que los académicos consagrados.

Al viajar Goldbach con la corte del zar a Moscú y quedarme yo en San Petersburgo, enseguida comenzamos una correspondencia que duró hasta poco antes de su fallecimiento. Fueron casi doscientas cartas en las que recibí múltiples consejos sobre diferentes temas; desde propiedades elementales de los números enteros hasta sutiles observaciones sobre el arte y la ciencia del cálculo. En fin, de casi todas las ramas de las matemáticas llamadas puras. Porque eso sí, muy pocas veces me habló de problemas de matemáticas mixtas y siempre a instancia mía,

Es el más prolífico de todos los matemáticos. Su Opera Omnia *tendrá 87 volúmenes, con cerca de 900 trabajos, además de la correspondencia y otros manuscritos, lo que supone que debió de escribir un promedio de unas 800 páginas al año. La distribución temática de los trabajos de matemática pura de Euler publicados sería la siguiente: análisis 60 %, geometría 17 %, teoría de números 13 %, álgebra 7 %, probabilidades 3 %. Tuvo trece hijos (solo sobrevivieron a la infancia cinco) y veintiséis nietos a quienes leía la Biblia, además de fabricarles juguetes mecánicos y títeres para su entretenimiento. Fue quien ganó más premios de la Academia de Ciencias de París.*

Poco después de su llegada a San Petersburgo, con poco más de 60 años, quedó completamente ciego, pero en este período produjo casi la mitad de toda su monumental obra con la ayuda de sus hijos y de otros miembros de la Academia. Paradójicamente, una de las obras que culmina estando ciego es su Tratado de dióptrica *en tres tomos. Fue miembro de casi todas las academias y sociedades científicas de su época.*

que le comunicaba mis dificultades para enfrentar los desafíos de los concursos lanzados por la Academia de París. De su falta de interés por las aplicaciones de las matemáticas se quejaba mucho Daniel Bernoulli, que también era un asiduo corresponsal de ambos. Recuerdo que Daniel, a su regreso a Basilea, me escribió que había perdido todo contacto con Goldbach y que no sabía en qué asuntos estaría enfrascado, pero seguro que *eran simplezas sin importancia*. Enseguida le respondí que para mí su valoración era muy parcial. Goldbach poseía una vasta cultura y un carácter noble, de una distinción proverbial. Y lo más asombroso era su habilidad increíble para intuir los problemas más fructíferos y conjeturar propiedades que para la mayoría pasaban inadvertidas. Su desinterés por las aplicaciones no era óbice para apreciarlo como sabio de larga experiencia e intereses muy variados.

No he conocido a nadie que comprendiera mejor que Goldbach las implicaciones de los aportes de Fermat a la teoría de números, como tampoco existe nadie que lo pueda superar a la hora de intuir el valor de una suma infinita. Por supuesto que si comparamos los aportes matemáticos de Goldbach con los de cualquiera de los grandes sabios de la primera mitad de este siglo, resultan insignificantes. Pero si se valoran con justicia y objetividad sus influencias en el desarrollo de la comprensión de la naturaleza íntima de las matemáticas puras, sus estímulos al desarrollo de las investigaciones a través de sus contactos personales, de su correspondencia, de sus discursos en la Academia, y no se centra el análisis en sus pocas publicaciones originales o en la ausencia de premios obtenidos, seguro que llegará a la misma consideración que yo: sin parcialidad alguna, *Christian Goldbach fue uno de los más prestigiosos sabios de nuestro siglo y la ciencia rusa le debe muchísimo*. Y esa admiración que siempre he sentido por él la mostré cuando lo escogí como padrino de mi primogénito Johann Albrecht y la expresé en cada una de las cartas que le escribí.

Permítame referir algunas anécdotas que justifican por qué he estimado y sigo apreciando tanto a Christian Goldbach. Sobre todo me basaré en las cartas que intercambiamos durante más de

35 años. No se preocupe, que trataré de no ser demasiado latoso. He seleccionado unos pocos ejemplos, pero suficientes para que se haga más transparente lo que significaron sus consejos para mí.

Quisiera ante todo hacer público, por primera vez, algo que quizás no sea el fruto más significativo de la relación que durante tantos años mantuve con Christian Goldbach, pero que para mí es muy importante comunicar. Mi *Tratado sobre cálculo diferencial* lo comencé estando en San Petersburgo en la década de 1730 y lo culminé en Berlín hacia 1750. Como se ha dicho con justicia, yo utilicé muchas ideas de la escuela británica de Wallis, Newton y Taylor, además de las ideas de Leibniz y los Bernoulli. Lo que no se ha dicho es que en el segundo capítulo, con el título: "Sobre las aplicaciones de las diferencias en el estudio de las series", yo utilicé indiscriminadamente dos artículos que Goldbach había escrito sobre este tema y varias cartas que me envió desde Moscú en esos años. No fue solo en este capítulo, porque también en otros utilicé sin citarlo muchas de las ideas que me comunicara en sus cartas. Quisiera detenerme en un tema que está entre los favoritos del cálculo y que yo desarrollé con ciertos detalles en el capítulo diecisiete de la segunda parte de mi *Tratado de cálculo diferencial*.

Cuando arribé a San Petersburgo, Daniel Bernoulli y Goldbach estaban interesados en problemas de interpolación de sucesiones. Se trataba de encontrar una fórmula general que de una manera natural expresara una sucesión de números. Por ejemplo, desde la Antigüedad era bien conocida la fórmula que representa la sucesión de los números triangulares, 1, 3, 6, 10, 15... Es decir:

$$t_n = \frac{n(n+1)}{2} \quad \text{para} \quad n = 1, 2, 3 \ldots$$

Pero esta fórmula está bien definida también para otros valores racionales e irracionales de n. Observe que también expresa el valor de las sumas:

$$1 + 2 + 3 + \cdots + n = \frac{n(n+1)}{2}$$

Entonces, ¿por qué no considerar también válida la expresión para una *cantidad* racional o irracional de sumandos? Es decir, una fórmula del tipo:

$$1 + 2 + 3 + \cdots + q = \frac{q(q+1)}{2}$$

siendo q un número racional o irracional.

Esto es lo que significa *interpolar* la sucesión o *interpolar* la serie. Su objetivo principal, análogo al de los logaritmos, es poder expresar un término cualquiera, por engorroso que sea, de manera concisa y rápida.

Por ejemplo:

$$1 + 2 + 3 + \cdots + 400 = \frac{400 \cdot 401}{2} = 200 \cdot 401 = 80200$$

y la suma hasta $4\frac{1}{3}$ *será:*

$$\frac{1}{2} \cdot \frac{13}{3} \cdot \frac{16}{3} = \frac{13}{3} \cdot \frac{8}{3} = \frac{101}{9} = 11\frac{2}{9}$$

Este valor está entre los dos números triangulares 10 y 15, como era de esperar.

Sobre todo los británicos como Newton, Taylor y Stirling desarrollaron extensivamente las técnicas del cálculo de diferencias finitas para hallar fórmulas que sirvieran para interpolar varias sucesiones de valores. En particular, estudiaron así los logaritmos como interpolación de series geométricas. Para mí fue muy instructiva la lectura de la *Aritmética de los infinitos (1656)* de John Wallis, posiblemente la primera obra donde se trata un problema de interpolación de sucesiones. En esta obra no encontré ideas generales sobre interpolación, pero me encantó la relación que planteó Wallis entre el problema de la cuadratura del círculo y un producto infinito:

$$\frac{2}{\pi} = \frac{3 \cdot 3 \cdot 5 \cdot 5 \cdot 7 \cdot 7 \cdot 9 \cdot 9 \cdot \ldots}{2 \cdot 2 \cdot 4 \cdot 4 \cdot 6 \cdot 6 \cdot 8 \cdot 8 \cdot 10 \cdot 10 \cdot \ldots} \qquad \text{(W)}$$

Como dije antes, a mi llegada a San Petersburgo Daniel Bernoulli y Goldbach estaban tratando de interpolar una sucesión muy particular:

1, 2, 6, 24, 120, 720, etc.

que ellos llamaban *progresión hipergeométrica*.

En el siglo XVIII los términos sucesión, serie y progresión se usaban indistintamente para significar lo mismo. Tampoco se usaba el símbolo del factorial

$$n! = 1 \cdot 2 \cdot 3 \cdot 4 \ldots \cdot (n-1) \cdot n$$

que utilizaremos aquí para hacer el discurso de Euler más inteligible. El símbolo del factorial fue introducido a principios del siglo XIX.

A semejanza de la sucesión de los números triangulares que representan la suma de los n primeros números naturales, en este caso tenemos el producto de los primeros n números naturales. Como sabrá, Daniel Bernoulli y yo vivíamos juntos en un apartamento cercano a la Academia y, con mi acostumbrada curiosidad y persistencia, enseguida logré que Daniel me introdujera en el tema. Me enseñó las cartas donde Goldbach le expresaba sus ideas de utilizar series divergentes. Me llamó la atención la serie usada para encontrar el valor de $\frac{3}{2}!$:

$$\frac{3}{2}! = 1 + \frac{1}{2} - \frac{3}{8} + \frac{11}{16} - \frac{265}{128} + \cdots$$

Goldbach no dice cómo llega a esta serie. Pero explica que aunque su término general crece en valor absoluto, su uso está justificado porque la serie inversa es convergente. El valor inverso está dado por la serie:

$$\left(\frac{3}{2}!\right)^{-1} = 1 - \frac{1}{2 \cdot 2} - \frac{1}{6 \cdot 2 \cdot 4} + \frac{1 \cdot 3}{24 \cdot 2 \cdot 4 \cdot 6} + \frac{19 \cdot 3 \cdot 5}{120 \cdot 2 \cdot 4 \cdot 6 \cdot 8} - \cdots$$

De esta manera hallaba el valor aproximado y podía acotar el error cometido a través del valor absoluto del último término considerado en la suma.

A Daniel no le gustaba esta forma de trabajar de Goldbach con las series divergentes y me enseñó una fórmula asintótica que había encontrado:

$$x! = \left(A + \frac{x}{2}\right)^{x-1} \left(\frac{2}{1+x} \cdot \frac{3}{2+x} \cdot \frac{4}{3+x} \cdot \ldots \cdot \frac{A}{(A-1)+x}\right)$$

para A suficientemente grande.

Tomando $x = \frac{3}{2}$ y $A = 8$, Daniel encontró el valor aproximado $\frac{3}{2}! \approx 1{,}3005$. La fórmula era asombrosamente buena para valores de x entre 1 y 2. Para Daniel aquel resultado ya satisfacía sus intereses, pues cualquier otro valor mayor que 2 lo podía obtener mediante la generalización de la fórmula básica:

$$(n+1)! = (n+1) \cdot n!$$

Por ejemplo:

$$\frac{5}{2}! = \left(\frac{3}{2} + 1\right)! = \frac{5}{2} \cdot \left(\frac{3}{2}\right)! \approx \frac{5}{2} \cdot (1{,}3005) \approx 3{,}2512$$

Y aunque Goldbach insistía en la búsqueda de fórmulas más precisas, Daniel había dejado a un lado ese asunto.

Pero a mí me resultó muy atractivo tratar de encontrar el término correspondiente a un número fraccionario o a un número irracional como π. En este caso las posibilidades de interpolar entre dos valores dados eran mucho mayores que con los números triangulares, y escoger la fórmula adecuada que sirviera para cualesquiera dos valores no era simple. El crecimiento de los triangulares es como el de las potencias cuadráticas, mientras que el crecimiento del factorial, como decía el gran Leibniz, *trasciende* cualquier potencia entera o racional. ¿Cómo encontrar una *expresión analítica* para el factorial que permita dar unívocamente los valores no solo enteros, sino también fraccionarios como $\left(3\frac{1}{5}\right)!$ y otros como $\left(\sqrt{13}\right)!$ o $\pi!$, todos entre $3! = 6$ y $4! = 24$? ¿Cómo mejorar las fórmulas de Goldbach y de Daniel? Estas y muchas otras preguntas turbaron mi sueño en esos primeros meses de mi estancia en San Petersburgo. Desde el primer momento supe que tenía que utilizar algunas de las fórmulas conocidas para productos infinitos, como las del maestro Wallis. No puedo decir de qué forma, después de innumerables cálculos, intentos fallidos y múltiples transformaciones, llegué a una expresión convergente, no trivial y que en todos los casos enteros me daba los valores de la progresión hipergeométrica de Goldbach y de Daniel:

$$\frac{1 \cdot 2^m}{1+m} \cdot \frac{2^{1-m} \cdot 3^m}{2+m} \cdot \frac{3^{1-m} \cdot 4^m}{3+m} \cdot \frac{4^{1-m} \cdot 5^m}{4+m} \cdot \ldots =$$

$$= \left[\left(\frac{2}{1}\right)^m \frac{1}{1+m}\right]\left[\left(\frac{3}{2}\right)^m \frac{2}{2+m}\right]\left[\left(\frac{4}{3}\right)^m \frac{3}{3+m}\right]\cdots$$

Por ejemplo, para $m = 2$:

$$\frac{4}{3} \cdot \frac{9}{8} \cdot \frac{16}{15} \cdot \frac{25}{24} \cdot \frac{36}{35} \cdot \ldots = 2 \cdot \frac{2}{3} \cdot \frac{9}{8} \cdot \frac{16}{15} \cdot \frac{25}{24} \cdot \ldots = 2$$

Además, en casos fraccionarios se lograban valores notables.

Por ejemplo, para $m = \frac{1}{2}$ *obtenemos:*

$$\frac{1 \cdot 2^{\frac{1}{2}}}{1+\frac{1}{2}} \cdot \frac{2^{\frac{1}{2}} \cdot 3^{\frac{1}{2}}}{2+\frac{1}{2}} \cdot \frac{3^{\frac{1}{2}} \cdot 4^{\frac{1}{2}}}{3+\frac{1}{2}} \cdot \frac{4^{\frac{1}{2}} \cdot 5^{\frac{1}{2}}}{4+\frac{1}{2}} \cdot \ldots =$$

$$= 2\sqrt{\frac{2 \cdot 4 \cdot 4 \cdot 6 \cdot 6 \cdot 8 \cdot 8 \cdot \ldots}{3 \cdot 3 \cdot 5 \cdot 5 \cdot 7 \cdot 7 \cdot 9 \cdot 9 \cdot \ldots}}$$

que si recordamos el producto de Wallis (W) tiene como valor $\frac{\sqrt{\pi}}{2}$, *que aproximadamente es 0,8862269. Por tanto:*

$$\frac{3}{2}! = \left(1 + \frac{1}{2}\right)! = \frac{3}{2} \cdot \left(\frac{1}{2}!\right) \approx 1{,}3293403$$

que es un valor plausible entre 1 y 2.

Se lo planteé a Daniel y este me sugirió que le escribiera directamente a Goldbach, más apasionado por esos temas y que podría entender mejor mis ideas.

Así que el 13 de octubre de 1729 (no es posible olvidar esa fecha) le envié mi primera carta a Christian, por supuesto con mucho tacto, recuerde que era el secretario de la Academia, tutor del zar y 17 años mayor que yo. Para mi sorpresa enseguida me contestó mostrando un entusiasmo muy juvenil. Me señalaba que debía exponer en las sesiones de noviembre de la Academia mis atractivos resultados. Me dio algunos consejos para pasar a una expresión integral, que yo había considerado ya al revisar los trabajos de Wallis y Newton. Así que con este impulso busqué la fórmula en forma integral. Partí de una integral estudiada por Wallis:

$$\int_0^1 x^{\frac{p}{q}} (1-x)^n \, dx$$

Desarrollé $(1-x)^n$ por el binomio de Newton, integré término a término con la fórmula de las potencias y evalué entre 0 y 1. Tras algunas transformaciones algebraicas pude organizar una expresión muy sugerente:

$$\int_0^1 x^{\frac{p}{q}} (1-x)^n \, dx = \frac{1 \cdot 2 \cdot 3 \cdot 4 \cdot \ldots \cdot n}{\left(\frac{p}{q}+1\right)\left(\frac{p}{q}+2\right)\cdots\left(\frac{p}{q}+n+1\right)}$$

y con poco esfuerzo y algo de imaginación llegué finalmente a una fórmula integral concisa y precisa que en enero comuniqué a Goldbach:

$$\int_0^1 (-\ln x)^n \, dx = n!$$

Siempre entusiasta, Christian me respondió que publicara en los *Commentarii* de la Academia estas propiedades de la nueva fórmula trascendente de interpolación para los productos de enteros. Estoy seguro de que si Christian no hubiera insistido en la importancia de buscar mejores fórmulas integrales yo habría dejado a un lado el tema, porque mi coterráneo y amigo Daniel insistía en que me dedicara más a los problemas concretos de fisiología o de mecánica de los fluidos, que eran su interés entonces y tenían mayor importancia práctica. Por si fuera poco, Goldbach, en su función de secretario de la Academia, me facilitó su divulgación.

En la segunda carta que Goldbach me envió instándome a la publicación de mis resultados sobre la función gamma, debió de considerar el asunto cerrado, ya que me comunicó un nuevo problema, que se convertiría en el preferido de nuestra correspondencia. Desde esta carta que Goldbach me envió en la primavera de 1730, hasta que en 1756 por razón de la llamada Guerra de los Siete Años tuvimos que suspender nuestra correspondencia, discutimos desde las más elementales conjeturas hasta los más sofisticados enigmas relacionados con propiedades aritméticas. Creo que cualquiera que leyera sus cartas se sentiría estimulado a dedicarse a resolver aquellos seductores misterios que se exponían de forma tan simple y cuyos encantos Goldbach sabía desentrañar y exponer, tan condimentados que no era posible resistir la tentación de abordarlos.

Yo conocía algunos de los problemas de aritmética gracias a mis intercambios con los Bernoulli, tanto con el gran Johann como con sus hijos Nicolaus y Daniel. Pero ellos no habían logrado que me concentrara en esa dirección, ya que siempre me entusiasmaron más los problemas y desafíos relacionados con el cálculo infinitesimal, que tenía tanta popularidad entonces por sus aplicaciones a la mecánica y la física.

Recuerdo que lo primero que Christian me planteó fue la conjetura de Fermat acerca de que $p_n = 2^{2^n} + 1$ siempre es primo

La función gamma

Los resultados sobre la función gamma fueron expuestos por Euler en las sesiones de la Academia de San Petersburgo del 28 de noviembre y del 12 de diciembre de 1729, redactados en un artículo: "Sobre las progresiones trascendentes, aquellas cuyo término general no es dado algebraicamente", que presentó en 1731 y fue publicado en los Commentarii *en 1738.*

Las propiedades ampliadas de la función gamma, como hoy se la llama, fueron incluidas por Euler en el capítulo 17 de la segunda parte de su Tratado de cálculo diferencial *de 1755. La forma integral que aparece hoy en los manuales de cálculo es:*

$$\Gamma(x) = \int_0^{\infty} e^{-t}\, t^{x-1} dx$$

donde e es la constante asociada a Euler como base de los logaritmos hiperbólicos o naturales. Esta fórmula, así como la letra Γ, *se deben al matemático francés Adrien Marie Legendre. A las integrales utilizadas por Euler:*

$$\int_0^1 x^a (1-x)^b\, dx \quad \text{y} \quad \int_0^1 (-\ln x)^s\, dx$$

Legendre las llamaría integrales eulerianas *y así son conocidas hoy. No es común adjudicarle ningún mérito a Goldbach, pero la historia muestra que sin su estímulo y solidaridad no es muy probable que Euler consiguiera tan joven, y en tales circunstancias, sus resultados y las facilidades para darlos a conocer.*

para todo n entero positivo. Pero además me contó de dónde provenía y cómo varios sabios no habían conseguido resolverla, en particular el famoso erudito jesuita francés Marin Mersenne. Me recomendó que leyera los *Elementos de todas las ciencias matemáticas* de Christian Wolff, donde se discute un problema análogo para los números de Mersenne: $M_n = 2^n - 1$. Allí encontré que aunque Mersenne hubiera probado que para n = 2, 3, 5, 13, 17, 19, 31, 67, 127 y 257 estos singulares números eran primos, Wolff había señalado también que para n = 11, 37 y 43 eran compuestos. Aunque el asunto era parecido, no encontré indicios claros de cómo probar o refutar la conjetura de Fermat, pues los métodos usados eran muy empíricos. Así que yo también estuve tanteando en mi tiempo libre durante casi tres años hasta que encontré que para $n = 5$:

$$2^{2^5} + 1 = 2^{32} + 1 = 4294967297 = 641 \cdot 6700417$$

Y que, por tanto, la conjetura de Fermat era falsa.

No puedo olvidar que en la misma sesión de la Academia en que yo presenté mi resultado, Goldbach presentó otro sumamente interesante sobre un método para determinar si una ecuación algebraica con coeficientes enteros tiene raíces racionales. Para esto Goldbach se basaba en el análisis de los residuos de orden superior del polinomio que define la ecuación. Esta metodología era completamente nueva entonces y para que se comprenda mejor el aporte de Goldbach, permítame hacer algunas aclaraciones conceptuales. Se dice que el número b es un residuo o resto del número a al dividirse por m si $a = dm + b$ para algún entero d, esto es, si su diferencia $a - b$ es divisible por m. Los residuos de orden superior se refieren a las potencias. Si existe un número x y una potencia entera n tal que $x^n - b$ es divisible por m, se dice que b es un residuo de orden n de x módulo m.

Quiero decirle que recuerdo claramente lo expuesto por Goldbach, no solo porque ese día di a conocer mi ejemplo que refutaba una conjetura del gran Fermat, sino porque aquel día, por primera vez, oí hablar de los residuos de orden superior, sobre los que posteriormente desarrollé una teoría en detalle que se publicó poco antes de la muerte de Goldbach. Recuerdo cuán feliz se mostró al conocerla, aunque hubiera podido sentir cierto resquemor, dado que sabía que había sido él quien me había señalado el camino para obtenerla. Este era un rasgo admirable de Christian que decía mucho de su grandeza de espíritu, que infelizmente no siempre poseen los grandes sabios.

Tengo que decir que no siempre las conjeturas de Goldbach eran válidas. Pero aun en tales casos me sirvieron de aliciente para obtener resultados significativos. Por ejemplo, en una de nuestras

Las congruencias

En un articulo de 1717 Goldbach expresa que estando en Londres (1712) plantea a sus colegas Nicolaus I Bernoulli y Abraham de Moivre sus primeras ideas empíricas sobre congruencias y residuos. Sobre un teorema relativo a la división por 9 informa a Daniel Bernoulli el 17 de abril de 1724. El 9 de octubre de 1730 Goldbach le cuenta a Euler sus resultados, pero entonces este no muestra interés. Lo que se presenta el 26 de septiembre de 1732 a la Academia será publicado por Goldbach en su décimo y último artículo matemático, que aparece en el tomo VI de los Commentarii *de la Academia de San Petersburgo en 1738.*

Goldbach introduce un símbolo para señalar la no congruencia similar al que actualmente se usa para la desigualdad, pero no usa ningún símbolo para la congruencia. Fue Gauss quien en su gran obra Disquisitiones arithmeticae *(1801) introduce el cómodo símbolo de las tres rayitas horizontales para la congruencia* $a \equiv b (\bmod m)$. *Con esta notación, que b es un residuo de orden* primeras cartas, estando él en Moscú como tutor del zar Pedro II, me escribió algunas proposiciones inconsistentes acerca de otro de los *teoremas* de Fermat extraídos de sus anotaciones a la *Aritmética* de Diofanto. Decía Fermat que ningún número triangular entero era un bicuadrado, es decir:

$$\frac{x(x+1)}{2} \neq n^4$$

pero como de costumbre, no publicó su demostración. Yo le escribí a Christian diciéndole que podía probar que existen infinitos números racionales x para los cuales:

n módulo m se expresa por $x^n \equiv b(\mathrm{mod}\, m)$. La teoría más desarrollada desde el siglo XVIII ha sido la de los residuos cuadráticos $x^2 \equiv b(\mathrm{mod}\, m)$ cuando m es un número primo p.

Euler y Lagrange, en su estudio de la descomposición de los números en sumas de cuadrados, necesitaron desarrollar una teoría de los residuos cuadráticos que posteriormente Gauss generalizó. Particularmente, en el artículo mencionado de Euler de 1761: "Teoremas acerca de los residuos que se obtienen en la división de las potencias" *se introducen los términos* residua *y* non residua *y una serie de importantes conceptos y aplicaciones de la teoría de residuos de orden cuadrático y superior.*

Por supuesto, los postulados empíricos de Goldbach en teoría de las congruencias no pueden compararse con el planteamiento general y el tratamiento teórico que le da Euler, ni con los trabajos posteriores de otros matemáticos del siglo XIX, que redondearon una bella teoría algebraica de congruencias. La importancia de los trabajos de Goldbach reside al menos en que llamaron la atención de Euler sobre el problema de los residuos de orden superior y sirvieron de catalizador para el establecimiento de esta rama de la teoría de números.

$\dfrac{x(x+1)}{2} = n^4$, en particular le expuse el caso $x = \dfrac{32}{49}$, para el que:

$$\frac{x(x+1)}{2} = \left(\frac{6}{7}\right)^4$$

Christian me respondió enseguida que había enviado a Daniel Bernoulli desde Moscú una carta con una demostración del mencionado teorema de Fermat y de su *demostración* se infería que los números triangulares enteros diferentes del 1 y el 36 no podían

Los números triangulares bicuadráticos

La existencia de infinitos números triangulares que son cuadrados perfectos no es tan evidente como podría parecer al leer lo dicho por Euler. Se trata de probar que existen infinitos pares de enteros (m,n) *que solucionan la ecuación:*

$$m^2 = \frac{n(n+1)}{2}$$

Transformemos primeramente la ecuación anterior para hacerla del tipo Pell:

$$\begin{aligned} m^2 = \frac{n(n+1)}{2} &\Leftrightarrow 2m^2 = n^2 + n \\ &\Leftrightarrow 8m^2 = 4n^2 + 4n \\ &\Leftrightarrow 8m^2 + 1 = 4n^2 + 4n + 1 \\ &\Leftrightarrow 8m^2 + 1 = (2n+1)^2 \\ &\Leftrightarrow (2n+1)^2 - 8m^2 = 1 \end{aligned}$$

ser cuadrados. Me resultó tan chocante este resultado que me apresté enseguida a refutarlo y no demoré muchos días hasta encontrar una fórmula que da infinitos números triangulares enteros que son cuadrados. Además, las discusiones que se sucedieron en nuestra correspondencia acerca de esta y otras propiedades de los números triangulares me condujeron a estudiar profundamente las soluciones enteras de las ecuaciones diofánticas del tipo $\alpha x^2 + \beta x + \gamma = y^2$ y el importantísimo caso estudiado por Fermat y Wallis:

$$x^2 - dy^2 = 1 \quad \text{donde } d \text{ no es número cuadrado} \qquad (^*)$$

Esta es la ecuación de Pell con $x = 2n + 1$, $y = m$, $d = 8$. Fácilmente se comprueba que una solución se obtiene para $n = m = 1$, es decir, $(x_0, y_0) = (3, 1)$.

Respecto a la ecuación de Pell se conoce un resultado, no fácil de demostrar, que expresa lo siguiente:

Sea d un entero que no es cuadrado perfecto. Si el par de enteros (x_0, y_0) es una solución de la ecuación de Pell: $x^2 - dy^2 = 1$, entonces existen infinitas soluciones (x_n, y_n) de la ecuación, dadas por la fórmula:

$$x_n + \sqrt{d}y_n = (x_0 + \sqrt{d}y_0)^n$$

Si aplicamos este resultado a nuestro caso y consideramos como solución inicial $(x_0, y_0) = (3, 1)$:

$$x_n + 2\sqrt{2}y_n = (3 + 2\sqrt{2})^n = \sum_{k=0}^{n} \binom{n}{k} 3^{n-k} \left(2\sqrt{2}\right)^k =$$

$$= \sum_{0 \le 2k \le n} \binom{n}{k} 3^{n-k} \left(2\sqrt{2}\right)^k + \sum_{0 \le 2k+1 \le n} \binom{n}{k} 3^{n-k} \left(2\sqrt{2}\right)^k =$$

$$= \sum_{0 \le 2k \le n} \binom{n}{k} 3^{n-2k} \left(2\sqrt{2}\right)^{2k} + \sum_{0 \le 2k+1 \le n} \binom{n}{k} 3^{n-2k-1} \left(2\sqrt{2}\right)^{2k+1} =$$

>>

Entre los grandes

$$= \sum_{0 \le 2k \le n} \binom{n}{k} 3^{n-2k} 8^{2k} + 2\sqrt{2} \sum_{0 \le 2k+1 \le n} \binom{n}{k} 3^{n-2k-1} 8^{2k}$$

entonces se obtienen las infinitas soluciones (x_n, y_n), *tales que:*

$$x_n = \sum_{0 \le 2k \le n} \binom{n}{k} 3^{n-2k} 8^{2k}$$

$$y_n = \sum_{0 \le 2k+1 \le n} \binom{n}{k} 3^{n-2k-1} 8^{2k}$$

La demostración dada por Euler de la conjetura de Fermat sobre los números triangulares bicuadráticos fue presentada parcialmente en varias asambleas de la Academia. El artículo de Euler "Regla simple para resolver fácilmente ecuaciones diofánticas en enteros" *fue presentado a la Academia el 15 de mayo de 1778. Euler dedicó muchos esfuerzos al análisis particular de la ecuación diofántica (*) y después convenció a Lagrange para que continuara sus estudios, que condujeron a la teoría general de las ecuaciones binarias cuadráticas con coeficientes enteros:*

$$ax^2 + bxy + cy^2 + dx + ey + f = 0$$

Euler y Lagrange comprendieron que la solución de este problema general estaba ligada a la representación de enteros en formas cuadráticas:

$$n = ax^2 + bxy + cy^2$$

lo que dio mayor atractivo al problema, tan ingenuamente tratado por Goldbach. La existencia siempre de solución en enteros de la ecuación (*) (que injustificadamente Euler llamó ecuación de Pell, *ya que el matemático inglés John Pell a quien alude no trató este asunto) fue demostrada por Lagrange en 1770.*

2 Variaciones sobre temas de sumas infinitas

Le expreso mil agradecimientos
por el método que Su Excelencia me comunicó amablemente,
ya que es mucho más simple que el mío,
y conduce a la suma de la serie con mayor claridad.

Carta de Euler a Goldbach, 26 de febrero de 1743

Cualquiera puede sumar, por ejemplo:

$$1 + \frac{1}{2} + \frac{1}{4} + \frac{1}{8} + \cdots + \frac{1}{2^n}$$

sobre todo si n es pequeño. Pero qué sucede si seguimos añadiendo sumandos sin parar nunca, es decir:

$$1 + \frac{1}{2} + \frac{1}{4} + \frac{1}{8} + \cdots + \frac{1}{2^n} + \frac{1}{2^{n+1}} + \frac{1}{2^{n+2}} + \cdots$$

En ese caso estamos ante una suma infinita o serie, que en general se denota así:

$$\sum_{k=1}^{\infty} a_k = a_1 + a_2 + a_3 + \cdots + a_n + a_{n+1} + \cdots$$

El problema de la suma de series ha ocupado a los matemáticos desde la Antigüedad. Entonces muchos pensaban que si los sumandos eran todos positivos, la suma total sería infinita. Por supuesto, existían otros que comprendían que si las sumas parciales se podían acotar por un número independiente de la cantidad de sumandos, entonces la suma de infinitos sumandos tenía que ser finita. Por ejemplo, Arquímedes se tuvo que enfrentar a la suma de una serie similar a la anterior:

$$1 + \frac{1}{4} + \frac{1}{16} + \frac{1}{64} + \cdots + \frac{1}{4^n} + \frac{1}{4^{n+1}} + \frac{1}{4^{n+2}} + \cdots$$

Fig. 1

para calcular el área de un segmento de parábola. Cada suma parcial correspondía al valor del área de un polígono inscrito en la parábola, por eso sabía que esa suma estaba acotada superiormente por el área buscada, independientemente de cuán grande fuera la cantidad de lados (Fig. 1). El ingenio de Arquímedes dominó esta suma infinita, que es una *serie geométrica de razón* $\frac{1}{4}$ y cuyo valor es $\frac{4}{3}$.

En la actualidad, cuando analizamos una serie consideramos la sucesión de sus sumas parciales $S_n = a_1 + a_2 + a_3 + \cdots + a_n$. Si al tender n a infinito el límite S de S_n existe, entonces decimos que la serie es *convergente* y su suma es S, en caso contrario decimos que la serie es *divergente*. Por ejemplo, para la llamada *serie geométrica de razón r:*

$$\sum_{n=0}^{\infty} r^n = 1 + r + r^2 + r^3 + \cdots + r^n + \cdots$$

podemos encontrar una fórmula para expresar sus sumas parciales:

$$S_n = 1 + r + r^2 + r^3 + \cdots + r^n = \frac{1 - r^{n+1}}{1 - r} = \frac{1}{1 - r} - \frac{r^{n+1}}{1 - r}, r \neq 1$$

Si $0 < r < 1$ entonces r^{n+1} se hará tan pequeño como se quiera y, por tanto, S_n se aproximará indefinidamente a $\frac{1}{1-r}$ que será la suma de la serie. En cambio, si $r > 1$ entonces r^{n+1} se hará infinitamente grande y la serie será divergente. Cuando $r = 1$ la fórmula no nos sirve, pero se ve directamente que la suma parcial es $S_n = n + 1$, por lo que crece indefinidamente.

En resumen, la serie geométrica de razón $0 < r < 1$ es convergente y su suma es $\dfrac{1}{1 - r}$. Si la razón es $r \geq 1$, la serie geométrica es divergente.

Si el lector no conoce la teoría de series, posiblemente se preguntará cómo determinar el valor de la suma infinita en los casos donde la suma parcial tenga una expresión complicada o cuando no esté clara la fórmula que expresa las sumas parciales. Siendo honestos, debemos decir que fuera de las series geométricas y otras pocas más, el valor exacto de la suma de la mayoría continúa siendo un misterio. Esperamos que el lector sea tolerante con Goldbach, pues él no tenía a su alcance una metodología para el tratamiento de las series y contaba con muy pocos ejemplos sumables.

En todo el siglo XVIII, cuando todavía no se había desarrollado una teoría de límites, las reglas de juego no estaban claras. No había una definición precisa de convergencia; a veces lo que era convergente para unos era divergente para otros y la suma era buscada a través de algoritmos *ad hoc* que no tenían mucha generalidad.

Se puede alcanzar una idea clara del estado del arte de la suma de series en la encrucijada de los siglos XVII y XVIII a través de la lectura de las cinco tesis que bajo la dirección de Jacob I Bernoulli se redactaron entre 1689 y 1704 bajo el título común de *Proposiciones aritméticas sobre series infinitas y su suma finita*. Esta obra será el texto principal de aprendizaje para Christian Goldbach.

La primera tesis es de 1789 y en ella aparecen varias demostraciones de la divergencia de la serie armónica:

$$\sum_{k=1}^{\infty} \frac{1}{k} = 1 + \frac{1}{2} + \frac{1}{3} + \frac{1}{4} + \frac{1}{5} + \cdots + \frac{1}{n} + \frac{1}{n+1} + \cdots$$

Este interés en presentar más de una demostración se justifica por la difundida creencia de que si el término general de la serie a_n *desaparecía en el infinito*, es decir, si tendía a cero cuando n tendía a infinito, entonces debería de haber una suma finita como valor asignable. Se cuenta que cuando Jacob Bernoulli encontró la demostración exclamó asombrado: “¡Entonces una suma donde el último término desaparece puede ser infinitamente grande!”.

Por supuesto, aunque la serie armónica sea divergente pueden existir subseries de ella que sean convergentes. Por ejemplo, las series geométricas de razón $r < 1$ son convergentes y son subseries de la armónica. Otra subserie convergente se forma con los inversos de los números llamados triangulares, que Leibniz diestramente sumó con un razonamiento casi trivial, utilizando lo que algunos autores llaman una *serie telescópica* (sugestivo nombre que se usa cuando en las sumas parciales se cancelan todos los sumandos menos el primero y el último). Veamos el ingenioso proceder de Leibniz.

Sea S la suma de la serie de los inversos de los números triangulares:

$$S = 1 + \frac{1}{3} + \frac{1}{6} + \frac{1}{10} + \frac{1}{15} + \cdots = \sum_{k=1}^{\infty} \frac{1}{1+2+3+\cdots+k}$$

entonces:

$$\frac{1}{2}S = \frac{1}{2} + \frac{1}{6} + \frac{1}{12} + \frac{1}{20} + \cdots =$$
$$= \left(1 - \frac{1}{2}\right) + \left(\frac{1}{2} - \frac{1}{3}\right) + \left(\frac{1}{3} - \frac{1}{4}\right) + \left(\frac{1}{4} - \frac{1}{5}\right) + \cdots \qquad (*)$$

Esta es una serie telescópica, puesto que:

$$S_n = \left(1 - \frac{1}{2}\right) + \left(\frac{1}{2} - \frac{1}{3}\right) + \left(\frac{1}{3} - \frac{1}{4}\right) + \left(\frac{1}{4} - \frac{1}{5}\right) + \cdots +$$
$$+ \left(\frac{1}{n-1} - \frac{1}{n}\right) + \left(\frac{1}{n} - \frac{1}{n+1}\right) = 1 - \frac{1}{n+1}$$

Luego la suma de la serie telescópica es 1 y de ahí que $S = 2$.

El razonamiento presentado en la primera tesis de Jacob Bernoulli, que se atribuye a su hermano Johann, para probar la divergencia de la serie armónica basado en la anterior suma de Leibniz también es muy simple y no menos brillante:

Sean:

$$A = 1 + \frac{1}{2} + \frac{1}{3} + \frac{1}{4} + \cdots + \frac{1}{n} + \frac{1}{n+1} + \cdots$$
$$B = \frac{1}{2} + \frac{2}{6} + \frac{3}{12} + \cdots + \frac{n}{n(n+1)} + \cdots = A - 1$$

y denotemos por C la serie de Leibniz, con cada término dividido por 2. Entonces:

$$C = \frac{1}{2} + \frac{1}{6} + \frac{1}{12} + \frac{1}{20} + \cdots = 1$$
$$D = \frac{1}{6} + \frac{1}{12} + \frac{1}{20} + \cdots = C - \frac{1}{2} = 1 - \frac{1}{2} = \frac{1}{2}$$

$$E = \frac{1}{12} + \frac{1}{20} + \cdots = D - \frac{1}{6} = \frac{1}{2} - \frac{1}{6} = \frac{1}{3}$$

$$F = \frac{1}{20} + \cdots = E - \frac{1}{12} = \frac{1}{3} - \frac{1}{12} = \frac{1}{4}$$

y así sucesivamente...

Bernoulli sumó las dos primeras columnas de este conjunto infinito de ecuaciones y obtuvo:

$$C + D + E + F + \cdots =$$

$$= \frac{1}{2} + \left(\frac{1}{6} + \frac{1}{6}\right) + \left(\frac{1}{12} + \frac{1}{12} + \frac{1}{12}\right) + \left(\frac{1}{20} + \frac{1}{20} + \frac{1}{20} + \frac{1}{20}\right) + \cdots =$$

$$= \frac{1}{2} + \frac{2}{6} + \frac{3}{12} + \frac{4}{20} + \cdots = B = A - 1$$

Por otra parte, al sumar la última de las columnas, obtenemos:

$$1 + \frac{1}{2} + \frac{1}{3} + \frac{1}{4} + \cdots = A$$

De donde se infiere que $A = A - 1$, lo cual es absurdo para cualquier valor finito que se le asigne a A, luego A es una cantidad infinitamente grande. Así queda demostrado que la serie es divergente. Por supuesto, según los cánones de rigor actuales esta manipulación del valor A no resulta aceptable, pero entonces era válida y aún sigue siendo ocurrente.

Jacob Bernoulli presenta detalladamente múltiples formas ingeniosas de manipular las series convergentes o divergentes como si poseyeran las mismas propiedades de las sumas finitas. Cierto es que a veces usaba razonamientos que, al leerlos hoy, nos parece que se basaban en reglas del cálculo de límites, pero en realidad era solo su maestría, fruto de su experiencia, quien lo guiaba. Tenía, eso sí, mucha imaginación y arrojo para buscar una suma infinita, aun en el caso de que supiera que las sumas parciales no tendían a ningún valor determinado o que la serie era divergente.

Goldbach entra en escena

En una carta del 4 de noviembre de 1723 Goldbach le cuenta brevemente a su amigo Daniel Bernoulli cómo comenzó su interés por el tema de la suma de series. Le explica que estando en Oxford, el primo de Daniel, Nicolaus I, le obsequió con la tesis que había desarrollado con su tío Jacob sobre el tema de las sumas infinitas. Con premura hojeó aquellas páginas repletas de fórmulas. Pero la tesis de Nicolaus era la quinta y última de la referida obra de Jacob que Goldbach todavía desconocía, por tanto su ignorancia no le permitió apreciar el arte de calcular que subyacía en la tesis y la dejó a un lado. Cinco años después, motivado por sus conversaciones con Christian Wolff, lee en la revista *Acta Eruditorum* de 1682 un artículo de Leibniz: "Sobre una relación exacta del círculo con un cuadrado inscrito expresada en números racionales", donde aparecen dos resultados sorprendentes relacionados con sumas infinitas:

1. *Una cuadratura aritmética del círculo:*

$$\frac{\pi}{4} = 1 - \frac{1}{3} + \frac{1}{5} - \frac{1}{7} + \frac{1}{9} - \text{etc.}$$

2. *Una cuadratura aritmética de la hipérbola:*

$$\ln 2 = \frac{1}{2} + \frac{1}{12} + \frac{1}{30} + \frac{1}{56} + \text{etc.}$$

Cuadraturas eran todos los cálculos de áreas desde la Antigüedad, pues en la Hélade clásica cuando se buscaba el área de una figura curvilínea se trataba de reducir el cálculo al área de un cuadrado o de un rectángulo, o en general de un polígono regular, que eran figuras con área fácil de calcular. El número asociado al área de un círculo de radio unidad representaba así la cuadratura del círculo, y en el siglo XVIII empezó a denotarse mediante la letra griega π, como hemos hecho en nuestro texto, aunque ni Leibniz ni Goldbach la usaron. La cuadratura de la hipérbola equilátera $y = \frac{1}{1+x}$ aparece desde el siglo XVII ligada a los logaritmos neperianos o naturales con base *e*, particularmente en la obra *Logarithmotechnia* (1668) de Nicolaus Mercator, uno de los primeros miembros de la Royal Society de Londres y que influyó mucho en Newton. Por cierto, la letra e como base de los logaritmos neperianos o hiperbólicos no fue usada ni por Mercator ni por Leibniz o Goldbach, sino que fue introducida más tarde por Euler. Tampoco se usaba la notación $\ln x$, aun Euler usaba el signo lx. En nuestro texto tratamos de aliviar la tensión del lector y usamos las actuales y más comunes notaciones.

Christiaan Huygens

Goldbach decidió aprender lo necesario para apreciar mejor el arte del cálculo y estudió unos manuscritos de Christiaan Huygens donde se hacen observaciones al artículo de Leibniz, sobre todo al desarrollo de los logaritmos hiperbólicos. Con muchas ideas revoloteando en la cabeza estuvo varios meses y cuando consiguió aclarar ciertos puntos, presentó sus resultados al profesor sueco Duerre, autor de un popular texto de cálculo aritmético y de un reciente artículo sobre series. Duerre se mostró entusiasmado y lo incitó a escribir un artículo sobre este tema.

La primera publicación de Goldbach se hizo en las *Acta Eruditorum* de 1720 y eran unas notas en cuatro páginas con algunas recetas ingenuas para expresar las sumas parciales de una serie de forma que la estimación de su suma total fuera más expedita. Realmente Goldbach había leído poco sobre este asunto; en particular, no conocía los trabajos sobre interpolación y diferencias finitas de la escuela británica, donde se trataban problemas semejantes. Así que en sus publicaciones no hizo ninguna aportación destacada al arte de la suma de series, ni en este primer artículo ni en los dos siguientes que se publicarían en 1729 y 1732. Sus ideas más originales y fructíferas las expuso en su correspondencia con Daniel Bernoulli y, principalmente, con Leonhard Euler. Era como si Goldbach poseyera un talento especial para componer agraciadas melodías de forma tal que sus brillantes corresponsales se sintieran estimulados a elaborarlas y presentarlas en muy diversas variantes.

Después de estudiar los tres artículos y las cartas de Goldbach hemos encontrado que la mayoría de los casos analizados se pueden considerar como sumas infinitas asociadas de alguna forma con la serie armónica, es decir, series del tipo:

$$\frac{1}{k_1} + \frac{1}{k_2} + \frac{1}{k_3} + \cdots + \frac{1}{k_n} + \frac{1}{k_{n+1}} + \cdots$$

donde los denominadores k_i son números enteros siempre en orden creciente $k_i < k_{i+1}$, de forma que el término general tiende a cero. Encontramos muchas variantes, series de potencias de n: $k_n = n^p$; series con signos alternados: $k_n = (-1)^{n-1}p_n, p_n \in \mathbb{N}$; series dobles:

$$\frac{1}{k_n} = \frac{1}{p_n}\left(1 + \frac{1}{m_1} + \frac{1}{m_2} + \cdots + \frac{1}{m_n}\right)$$

con p_n y m_i números enteros; y otras en que no es posible expresar el término general mediante una sola fórmula.

A continuación trataremos de exponer al lector algunas de estas *melodías* armónicas y aquellas variaciones más atractivas.

Primeras ideas sobre sumas infinitas

A diferencia de Jacob, que se preocupaba principalmente por hallar la suma mediante cualquier artificio imaginable, Goldbach se va a concentrar en sus primeros trabajos en determinar una fórmula general para las sumas parciales. Esta inquietud la observamos tanto en sus tres artículos publicados como en las múltiples cartas que escribió a sus corresponsales Daniel Bernoulli y Leonhard Euler. En la carta a Daniel Bernoulli que antes citamos, con fecha del 4 de noviembre de 1723, se atreve a decir, parafraseando a Arquímedes: *"Dadme la fórmula del término general y yo os daré la fórmula de la suma"*.

En su primer artículo de 1720 comienza expresando que va a considerar como *término general de la serie* una fórmula tal que al evaluar sucesivamente en 1, 2, 3... se obtienen el primer, segundo, tercer... términos de la serie. Según Goldbach, el término general puede ser de *exponente constante* o de *exponente variable*. Por ejemplo:

$$\frac{1}{2}+\frac{1}{6}+\frac{1}{12}+\cdots \qquad \text{con término general } \frac{1}{n^2+n}$$

es de exponente constante

$$\frac{1}{3}+\frac{1}{81}+\frac{1}{19683}+\cdots \qquad \text{con término general } \frac{1}{3^{n^2}}$$

es de exponente variable

Goldbach se dedica solo a las series de exponente constante. Concretamente trata el caso de las subseries de la armónica en que el término general se expresa en la forma:

$$\frac{1}{(pn^2 \pm qn + r)} \quad \text{con} \quad p \in \mathbb{N}, q \in \mathbb{N}, r \in \mathbb{N}$$

y expone la condición de *sumabilidad*: $\dfrac{\sqrt{q^2 \mp 4pr}}{p} = k \in \mathbb{N}$

En tales casos, y solo en ellos, la serie se puede descomponer en k subseries telescópicas.

Cada una de estas subseries se representa por la fórmula de su término general:

$$\frac{m}{s^2n^2 + (2m - s)sn + m^2 - sm} = \frac{n}{sn + m} - \frac{n - 1}{s(n - 1) + m}$$

con suma parcial de la forma $\dfrac{n}{sn + m}$

La idea de Goldbach se basa en la descomposición de una fracción en fracciones simples y se ilustra con un ejemplo:

$$\frac{1}{4} + \frac{1}{10} + \frac{1}{18} + \frac{1}{28} + \frac{1}{40} + \frac{1}{54} + \frac{1}{70} + \frac{1}{88} + \frac{1}{108} + \cdots$$

con término general $\dfrac{1}{n^2 + 3n}$ donde $p = 1, q = 3, r = 0$

$$\frac{\sqrt{q^2 \mp 4pr}}{p} = \frac{\sqrt{3^2 \mp 4 \cdot 1 \cdot 0}}{1} = 3 \in \mathbb{N}$$

Luego la serie total se descompone en tres series con sumas parciales dadas por:

i) $\dfrac{1}{4} + \dfrac{1}{28} + \dfrac{1}{70} + \cdots + \dfrac{1}{9n^2 - 3n - 2} = \dfrac{n}{3n + 1} \quad (s = 3, m = 1, a = 1)$

ii) $\dfrac{1}{10} + \dfrac{1}{40} + \dfrac{1}{88} + \cdots + \dfrac{1}{9n^2 + 3n - 2} = \dfrac{n}{6n + 4} \quad (s = 6, m = 4, a = 1)$

iii) $\dfrac{1}{18} + \dfrac{1}{54} + \dfrac{1}{108} + \cdots + \dfrac{1}{9n^2 + 9n} = \dfrac{n}{9n + 9} \quad (s = 9, m = 9, a = 1)$

Se suman estas tres sumas particulares y para la suma parcial de la serie se obtiene:

$$S_n = \frac{11n^3 + 48n^2 + 49n}{18n^3 + 108n^2 + 1198n + 108}$$

Entonces Goldbach dice que cuando $n = \infty$ (lo que en lenguaje actual significaría hacer tender n al infinito) la suma de todos los términos es $\frac{11}{18}$ *ya que* ∞ *y* ∞^2 *desaparecen confrontados con* ∞^3. Por tanto, la suma de la serie es:

$$\frac{1}{4}+\frac{1}{10}+\frac{1}{18}+\frac{1}{28}+\frac{1}{40}+\frac{1}{54}+\frac{1}{70}+\frac{1}{88}+\frac{1}{108}+\cdots=\frac{11}{18}\approx 0{,}6111$$

En su primer artículo sobre sumas infinitas, Goldbach no nos ilustra con una teoría, simplemente nos muestra un algoritmo para calcular la suma de un tipo muy particular de series. La explicación más detallada de este ejemplo, así como del algoritmo de la suma, tenemos que buscarla en su correspondencia y en su último artículo: "Sobre el término general de las series", que apareció publicado en los *Commentarii* de la Academia de San Petersburgo en 1732 con fecha de 1728.

Por supuesto, las ideas de Goldbach no eran muy precisas ni sistemáticas. Su interés, como el de la mayoría de los aficionados a las matemáticas del siglo XVIII, era obtener un algoritmo efectivo a la hora de sumar una cierta clase de series y lo más general posible.

En este caso no fue muy lejos en cuanto a generalidad. El tratamiento más amplio que encontramos es el de las series cuyo término general puede expresarse mediante la forma:

$$\frac{n^2+An+B}{n^4+Cn^3+Dn^2+En+F}=\left(\frac{a}{n+m}-\frac{a}{n+m+r}\right)+\left(\frac{b}{n+p}-\frac{b}{n+p+s}\right)$$

En tal caso, según Goldbach, la serie es sumable si y solo si los números r y s son enteros positivos. La forma de descomponer la fracción de la izquierda no se explica en la obra de Goldbach.

Aclaremos que para Goldbach ser sumable significa que su suma pueda expresarse mediante un valor racional. Esto se desprende del ejemplo de *no sumabilidad* que expone:

$$\sum_{n=1}^{\infty} \frac{1}{n^2 - n + \frac{3}{16}} = \sum_{n=1}^{\infty} \frac{1}{\left(n - \frac{3}{4}\right)\left(n - \frac{1}{4}\right)} = 16\sum_{n=1}^{\infty} \frac{1}{(4n-3)(4n-1)} =$$

$$= 16\left(\frac{1}{1 \cdot 3} + \frac{1}{5 \cdot 7} + \cdots\right) = 8\left(1 - \frac{1}{3} + \frac{1}{5} - \frac{1}{7} + \cdots\right)$$

donde en el último paréntesis aparece la serie de Leibniz para la cuadratura aritmética del círculo, que tiene el valor irracional $\frac{\pi}{4}$. Por tanto, esta serie, que para nosotros es convergente, para Goldbach no era sumable.

El tercer y último artículo publicado por Goldbach sobre la suma de series es más extenso que los anteriores, ya que retoma el mismo tema con algunas precisiones y complementos. Al comienzo hace referencia a las series recurrentes, aquellas cuyo término general se expresa como combinación de los términos precedentes:

$$u_n = a_1 u_1 + a_2 u_2 + \cdots + a_k u_k$$

donde los coeficientes a_j y el índice k son números enteros dados ($k < n$). Goldbach señala que fue a través de su correspondencia con Daniel Bernoulli como supo sobre esta clase de series. Exactamente fue en la carta del 18 de diciembre de 1723 donde Daniel le habla por primera vez de la célebre sucesión de Fibonacci 0, 1, 1, 2, 3, 5, 8... que cumple $u_0 = u_1 = 1$, $u_n = u_{n-1} + u_{n-2}$ para $n \geq 2$.

Es evidente que la serie de Fibonacci es divergente, ya que el valor de sus sumandos crece mucho más rápido que la serie de los números naturales, pero tiene lógica preguntarse si la serie de los inversos de los números de Fibonacci:

$$1 + 1 + \frac{1}{2} + \frac{1}{3} + \frac{1}{5} + \frac{1}{8} + \frac{1}{13} + \cdots + \frac{1}{u_{n-2} + u_{n-1}} + \frac{1}{u_{n-1} + u_n} + \cdots = S_F$$

es sumable y cuál será su suma. Ni Daniel ni Goldbach consiguieron encontrar esta suma, pues no aparece en ninguna de sus cartas,

La serie de Fibonacci

La serie de Fibonacci (apodo de Leonardo de Pisa, hijo del rico mercader Guglielmo Bonacci) fue introducida en la famosa obra Liber abaci *(1202) asociada a un atractivo problema de conejos. Supongamos que las parejas de conejos tengan su primera cría a los dos meses de nacidos y que en cada parto nace una pareja. ¿Cuántas parejas de conejos tendremos a final de año si comenzamos con una pareja recién nacida? El primer mes tendremos 1, el segundo seguiremos con 1, pero en el tercero tendremos 2, en el cuarto 3, en el quinto 5 y así sucesivamente,* $u_n = u_{n-1} + u_{n-2}$, *hasta llegar a 144 parejas a final de año, si no nos da hambre antes o no se nos muere ninguna, claro. Esta es una de las primeras series recurrentes que se conoce y su fama se debe a las innumerables aplicaciones que se han encontrado. Tantas que desde el siglo pasado se publica una revista especializada en las propiedades y aplicaciones de esta serie.*

Digamos, de paso, que el término serie recurrente *fue introducido por Abraham de Moivre en un artículo presentado a la Royal Society de Londres en 1720 y publicado en los* Philosophical Transactions *de 1722. Es posible que Goldbach conversara con De Moivre sobre el tema de la suma de series en alguna de sus visitas a Londres, donde también conversó con Nicolaus I Bernoulli, que estaba interesado en el tema. Pero de esto no tenemos documentación, salvo que fue en este viaje a Londres cuando Goldbach recibió de manos de Nicolaus la tesis sobre sumas escrita bajo la dirección de Jacob Bernoulli.*

tampoco en sus publicaciones, y todavía se desconoce cuál es su suma exacta, aunque se sabe que su valor aproximado es:

$$S_F \approx 3{,}3598856672\dots$$

En la carta de Goldbach a Daniel Bernoulli del 4 de noviembre de 1743 también se señala la dificultad encontrada para resolver otros dos famosos problemas tratados por Jacob Bernoulli en sus tesis:

1. La suma de la serie $\sum_{n=1}^{\infty} \frac{1}{n^2}$ (conocido como *problema de Basilea*).
2. La determinación de la sumabilidad de la serie $\sum_{p\text{–}primo} \frac{1}{p}$.

Ambos problemas, asociados con subseries particulares de la serie armónica, serán resueltos magistralmente por Leonhard Euler. En estos años de correspondencia con Daniel Bernoulli sobre el tema de las sumas infinitas aparecen las primeras ideas de Goldbach, pero realmente sería Euler quien las aprovecharía con mayor eficacia. Bajo la atención del talento de Euler aparecieron variantes realmente sorprendentes y muy originales. Conozcámoslas enseguida.

Variaciones eulerianas sobre el tema de la serie armónica

La serie armónica siempre fue una fuente de ideas y problemas para los aficionados a las matemáticas de los siglos XVII y XVIII. El hecho de que su expresión sea tan simple y de que sus sumas parciales crezcan tan lentamente llamaba la atención. Goldbach conocía la divergencia de la serie armónica, puesto que, como dijimos antes, en la primera tesis de Jacob Bernoulli de 1689 aparecen varias demostraciones por diferentes métodos, unos menos ortodoxos que otros. Al final de su último artículo publicado, entregado a la Academia de San Petersburgo en 1728, Goldbach coloca la fórmula siguiente:

$$\sum_{n=1}^{\infty} \frac{a}{n^2 + an} = 1 + \frac{1}{2} + \frac{1}{3} + \cdots + \frac{1}{a}$$

para valores enteros positivos de a.

Se ha comentado que esta fórmula aparece en un trabajo del italiano Pietro Mengoli de 1650, donde también aparece una demostración de la divergencia de la serie armónica, por lo que es posible que fuera conocida por Jacob Bernoulli y otros de sus contemporáneos aficionados a las sumas infinitas. Pero no encontramos referencia alguna de Goldbach a estos trabajos anteriores y todo parece indicar que los desconocía.

Euler se pone al corriente de las investigaciones de Goldbach y Daniel en cuanto llega a San Petersburgo. En una de las primeras cartas que le escribe a Goldbach le menciona su hallazgo de una fórmula para las sumas parciales de la serie armónica que permitía además asignarle valores en puntos no enteros. Estas ideas las redacta en un artículo que presenta a la Academia en 1731. En este artículo, que según la clasificación oficial de la obra de Euler lleva el código [E20], encontramos la llamada por Euler *función inexplicable:*

$$H(x) = 1 + \frac{1}{2} + \frac{1}{3} + \cdots + \frac{1}{x}$$

y su expresión analítica:

$$H(x) = \int_0^1 \frac{1-u^x}{1-u} du$$

En el caso de que x sea un entero positivo n, el integrando se expresa:

$$\frac{1-u^n}{1-u} = 1 + u + u^2 + \cdots + u^{n-1}$$

luego:

$$H(n) = \int_0^1 \frac{1-u^n}{1-u} du = \int_0^1 \left(1 + u + u^2 + \cdots + u^{n-1}\right) du =$$

$$= \left(u + \frac{u^2}{2} + \frac{u^3}{3} + \cdots + \frac{u^n}{n}\right)\Bigg|_0^1 = 1 + \frac{1}{2} + \frac{1}{3} + \cdots + \frac{1}{n}$$

En el caso del valor fraccionario $n = \frac{1}{2}$, Euler usa un truco simple para el cálculo:

$$H\left(\frac{1}{2}\right) = \int_0^1 \frac{1-\sqrt{u}}{1-u}du = \int_0^1 \frac{du}{1+\sqrt{u}} = \left(2\sqrt{u} - 2\ln\left(1+\sqrt{u}\right)\right)\Big|_{u=0}^{u=1}$$
$$= 2 - 2\ln 2$$

que aparece planteado en la carta a Goldbach.

Tres años después Euler retoma la idea de Goldbach y en otro artículo, [E25], encontramos al fin la fórmula asintótica buscada:

$$H_n := 1 + \frac{1}{2} + \frac{1}{3} + \cdots + \frac{1}{n} = \log n + \gamma + \varepsilon_n$$

donde ε_n es una cantidad que tiende a cero cuando n tiende a ∞ y γ es una constante independiente de la cantidad n de términos escogidos.

Esta expresión nos permite afirmar que el crecimiento de las sumas parciales armónicas H_n difiere del crecimiento del $\log n$ en la constante de Euler γ. Por cierto, esta constante no se representó mediante la letra griega gamma por Euler, sino por algún matemático posterior, que al conocer los trabajos de Euler y la relación encontrada entre esta constante y la integral euleriana llamada *función gamma* $\Gamma(x)$, decidió darle esa notación, que la ha convertido, junto con π y con e, en el trío de constantes reales más populares de la matemática. Ya se sabe que π y e son irracionales trascendentes, pero aún no se conoce si γ es irracional o racional.

En un artículo posterior [E43] presentado a la Academia en 1734 y publicado en 1740, plantea la increíble fórmula:

$$\gamma = \frac{1}{2}\zeta(2) - \frac{1}{3}\zeta(3) + \frac{1}{4}\zeta(4) - \frac{1}{5}\zeta(5) + \cdots$$

donde utilizamos la notación:

$$\zeta(k) = \sum_{n=1}^{\infty} \frac{1}{n^k}$$

que desde el siglo XIX es conocida como la función zeta de Riemann al ampliarse su dominio al plano complejo. Tiene una larga historia que no nos corresponde contar aquí.

Euler hace una estimación del valor de la constante gamma con cinco cifras exactas y en otro artículo posterior publicado en 1741 usa una serie divergente para encontrar 16 cifras exactas:

$$\gamma \approx 0{,}5772156649015328\ldots$$

Si nos basamos en la fórmula asintótica hallada por Euler, podemos explicar la validez de la fórmula de Goldbach:

$$\sum_{n=1}^{\infty} \frac{a}{n^2 + an} = 1 + \frac{1}{2} + \frac{1}{3} + \cdots + \frac{1}{a}$$

siendo a un número entero positivo.

En efecto, como:

$$\frac{a}{n^2 + an} = \frac{1}{n} - \frac{1}{n + a}$$

la suma parcial de la serie se expresa mediante la fórmula:

$$\sum_{n=1}^{N} \frac{a}{n^2 + an} = \sum_{n=1}^{N} \frac{1}{n} - \sum_{n=1}^{N} \frac{1}{n+a} = H_N - \left(H_{N+a} - \sum_{k=1}^{a} \frac{1}{k} \right) =$$

$$= \log N + \gamma + \varepsilon_N - (\log (N + a) + \gamma + \varepsilon_{N+a}) + \sum_{k=1}^{a} \frac{1}{k} =$$

$$= \log \left[\frac{N}{N+a} \right] + \alpha_N + \sum_{k=1}^{a} \frac{1}{k}$$

donde $\alpha_N = \varepsilon_N - \varepsilon_{N+a}$ es un infinitesimal que tiende a cero cuando N tiende a ∞, por cuanto se obtiene la fórmula de Goldbach.

Obsérvese que en el caso $a = 3$ tenemos:

$$\sum_{n=1}^{\infty} \frac{3}{n^2 + 3n} = 1 + \frac{1}{2} + \frac{1}{3} = \frac{11}{6} \longrightarrow \sum_{n=1}^{\infty} \frac{1}{n^2 + 3n} = \frac{11}{18}$$

que corrobora el valor asignado por Goldbach a la serie ilustrativa del método de suma de su primer artículo de 1720.

Después del tratamiento asintótico de la serie armónica, era lógico que Goldbach y Daniel trataran de resolver el famoso problema de Basilea:

$$S = \sum_{n=1}^{\infty} \frac{1}{n^2} = 1 + \frac{1}{4} + \frac{1}{9} + \frac{1}{16} + \frac{1}{25} + \frac{1}{36} + \cdots$$

La fama de este problema había crecido con los sucesivos fracasos de los grandes sabios por determinar el valor de la suma S. El secretario de la Royal Society le planteó el problema a Leibniz en 1673 y este se esforzó por hallar la suma exacta, pero no lo consiguió. Entonces se lo comunicó a sus corresponsales Jacob y Johann Bernoulli y les dijo que en apariencia debía de tener una solución tan simple como la de los números triangulares inversos. Y así lo pensaron Jakob y Johann Bernoulli, pero pronto se dieron cuenta de que algo no marchaba bien.

No fue difícil demostrar por comparación que su suma estaba acotada superiormente por la suma de la serie de los inversos de los números triangulares, es decir, por 2. En efecto, los términos pueden compararse uno a uno, para $n > 1$:

$$\frac{1}{4} < \frac{1}{3},\ \frac{1}{9} < \frac{1}{6},\ \frac{1}{16} < \frac{1}{10},\ \ldots,\ \frac{1}{n^2} < \frac{1}{n\left(\frac{n+1}{2}\right)},\ \ldots$$

Luego era convergente a un valor finito menor que 2. Pero el resultado preciso de la suma se les resistía hasta tal punto que lanzaron públicamente esta llamada de socorro:

"Grande será nuestra gratitud si alguien encuentra y nos comunica lo que hasta ahora ha escapado a nuestros esfuerzos".

Por esto, desde entonces es conocido como el *problema de Basilea*.

En 1729 Christian Goldbach le envía una carta a su amigo Euler donde le muestra un original método de aproximación que le lleva a estimar el valor entre 1,64 y 1,66. Goldbach reta a Euler para que lo mejore. En el momento de recibir este desafío, Euler, que contaba solo 22 años de edad, se encontraba en la Academia de San Petersburgo enfrascado en varios problemas concretos de cosmografía y de mecánica. Sin embargo, no se olvidó del reto y dos años más tarde hizo pública una asombrosa aproximación de 6 cifras decimales exactas: 1,643934, transformando habilidosamente la serie en otra de convergencia mucho más rápida:

$$\sum_{k=1}^{\infty} \frac{1}{k^2} = \sum_{k=1}^{\infty} \frac{1}{k^2 2^{k-1}} + (\ln 2)^2$$

Varios años más tarde, un día en que leía con interés una de las obras de Newton, la genialidad de Euler se desbordó al encontrar la idea de que el desarrollo en serie de la función seno estaba relacionado con la solución exacta del problema. Lo ingenioso era utilizar el desarrollo del seno no solo como sumas sino también como producto de infinitos factores. Newton, precisamente en esta obra, utilizaba con mucha eficacia la relación entre los coeficientes de las potencias y las raíces de los polinomios. Esto mismo intentará Euler con la serie de los inversos de los cuadrados.

Basándose en el desarrollo en serie de potencias del seno:

$$\operatorname{sen} x = x - \frac{x^3}{3!} + \frac{x^5}{5!} - \frac{x^7}{7!} \cdots$$

Euler introduce la función:

$$P(x) = \frac{\operatorname{sen} x}{x} = 1 - \frac{x^2}{3!} + \frac{x^4}{5!} - \frac{x^6}{7!} \cdots$$

Y utiliza el hecho de que los ceros de la función $P(x)$ se producen para los valores en que el numerador se anula (con excepción de $x = 0$, donde $P(0) = 1$), es decir, para todo:

$$x = n \cdot \pi \quad \text{donde} \quad n = \pm 1,\ \pm 2,\ \pm 3 \ldots$$

Entonces factoriza como si $P(x)$ fuese un polinomio:

$$P(x) = \left(1 - \frac{x}{\pi}\right) \cdot \left(1 - \frac{x}{-\pi}\right) \cdot \left(1 - \frac{x}{2\pi}\right) \cdot \left(1 - \frac{x}{-2\pi}\right) \cdots =$$

$$= \left(1 - \frac{x^2}{\pi^2}\right) \cdot \left(1 - \frac{x^2}{4\pi^2}\right) \cdot \left(1 - \frac{x^2}{9\pi^2}\right) \cdot \left(1 - \frac{x^2}{16\pi^2}\right) \cdots$$

Compara los términos de segundo grado en ambas expresiones:

$$-\frac{1}{3!} = -\frac{1}{\pi^2}\left(1 + \frac{1}{4} + \frac{1}{9} + \frac{1}{16} \cdots\right)$$

y despeja:

$$\sum_{n=1}^{\infty} \frac{1}{n^2} = 1 + \frac{1}{4} + \frac{1}{9} + \frac{1}{16} + \frac{1}{25} + \cdots + \frac{1}{n^2} + \cdots = \frac{\pi^2}{3!} = \frac{\pi^2}{6}$$

Pero Euler no se detiene aquí. Entre 1740 y 1744, utilizando las mismas herramientas, va a encontrar la suma de las series de los inversos de las potencias pares de los números naturales hasta el orden 26:

$$\sum_{n=1}^{\infty} \frac{1}{n^{26}} = \frac{1315862}{11094481976030578125}\pi^{26}$$

Ahora que su heurística (¡sin ordenador electrónico!) lo ha llevado a tamaña hazaña, está listo para incluir todos estos resultados en una obra más didáctica. Así, en el capítulo X del tomo primero de la *Introducción al análisis de los infinitos* [2], publicado en 1748, en la proposición 168, escribe una de las más llamativas páginas de la historia de las matemáticas:

> "Se hace patente así que de todas las series infinitas contenidas en la forma general:
>
> $$1 + \frac{1}{2^n} + \frac{1}{3^n} + \frac{1}{4^n} + \text{etc.}$$
>
> aquellas donde n fuere número par se podrían expresar mediante la periferia del círculo π; en efecto, la suma de la serie mantendrá siempre una proporción racional con π".

Pero el espíritu inquieto y perspicaz de Euler no podía sentirse satisfecho con este resultado. Además, faltaban las sumas en el caso de n impar. En 1750 publica otro artículo donde señala los valores aproximados de las series armónicas de orden impar $n = 2k + 1$ para $k = 1, 2, \ldots, 7$ y, entusiasmado, lanza una audaz conjetura:

$$¿\sum_{n=1}^{\infty} \frac{1}{n^{2k+1}} = \frac{p}{q}\pi^{2k+1}\ ?$$

Los esfuerzos de Euler para probar la validez de esta hipótesis fueron vanos. Pero puede servirle de consuelo que aún hoy, 258 años después, no se ha conseguido ni validar ni refutar su conjetura.

Lo más que se ha conseguido en la conjetura de las sumas de Euler, $\zeta(2k + 1)$, ha sido probar la irracionalidad de algunos de los valores. En efecto, en fecha tan cercana a nosotros como 1976, el francés Roger Apéry probó la irracionalidad para $n = 3$. Pero la conjetura de Euler de que este valor debería ser de la forma:

$$\zeta(3) = \frac{p}{q}\pi^3$$

está todavía abierta. Lo más cercano y digerible es una fórmula de Ramanujan conocida como la *aproximación en serie hiperbólica*:

$$\zeta(3) = \frac{7}{180}\pi^3 - 2\sum_{k=1}^{\infty} \frac{1}{(e^{2k\pi} - 1)k^3}$$

con la estimación del *error* siguiente: $\zeta(3) - \frac{7}{180}\pi^3 \approx -0{,}003742745$.

Todavía es demasiado poco lo que se ha avanzado en el cálculo exacto de los valores de $\zeta(2k + 1)$. Mencionemos los dos resultados más atractivos en la última década: el francés Tanguy Rivoal demostró en 2000 que infinitos de estos números son irracionales, mientras que el ruso Vladimir Zudilin probó en 2002 que al menos uno de los cuatro valores $\zeta(5)$, $\zeta(7)$, $\zeta(9)$ y $\zeta(11)$ es irracional. Hasta el momento (noviembre de 2008) no sabemos nada mejor. La conjetura de Euler sigue siendo un misterio.

En su artículo [E25], Euler menciona dos series que fueron planteadas por Goldbach como desafío intelectual a Daniel Bernoulli en 1729:

$$1 + \frac{1}{3} + \frac{1}{7} + \frac{1}{15} + \frac{1}{31} + \cdots$$

$$\frac{1}{3} + \frac{1}{7} + \frac{1}{8} + \frac{1}{15} + \frac{1}{24} + \frac{1}{26} + \cdots$$

Ambas series tienen suma 1 y Goldbach, que conocía una forma de probarlo, desafió a Daniel primero y después a Euler para que encontraran otra demostración más precisa y concisa. La segunda de ellas, junto con otras series asociadas a la armónica que Goldbach le comunicó, fue compilada por Euler en el artículo [E-72] que lleva por título "Algunas observaciones sobre series infinitas". Este es un trabajo maduro, con diecinueve teoremas, diez de ellos relacionados con subseries de la armónica. Subrayemos que el último plantea uno de los resultados más sorprendentes del matemático: "La serie de los recíprocos de los números primos es divergente", cerrando uno de los grandes problemas planteados por Jacob Bernoulli en sus tesis y que también le fue señalado a Euler por Goldbach.

El teorema 1 de este artículo [E72] se conoce actualmente como *teorema de Goldbach-Euler* y se refiere a la segunda de las sumas infinitas del desafío de Goldbach a Daniel. Según destaca Euler, la demostración que hace es la misma que Goldbach le comunicó y, como veremos, muestra la perspicacia y la ingenuidad formal de los razonamientos de Goldbach.

Teorema de Goldbach-Euler:

$$\frac{1}{3}+\frac{1}{7}+\frac{1}{8}+\frac{1}{15}+\frac{1}{24}+\frac{1}{26}+\cdots=1$$

La esencia de la demostración está en la comprensión de las características de los sumandos. Observemos primero que la serie geométrica de razón $\frac{1}{a}$, para un número natural $a \geq 1$ dado, tiene como suma:

$$\sum_{n=0}^{\infty}\frac{1}{a^n}=1+\frac{1}{a}+\frac{1}{a^2}+\cdots=\frac{1}{1-\frac{1}{a}}=\frac{a}{a-1}$$

de donde:

$$\sum_{n=1}^{\infty}\frac{1}{a^n}=\frac{1}{a}+\frac{1}{a^2}+\cdots=\frac{a}{a-1}-1=\frac{1}{a-1}$$

Por ejemplo:

$$1=\sum_{n=1}^{\infty}\frac{1}{2^n};\ \frac{1}{2}=\sum_{n=1}^{\infty}\frac{1}{3^n};\ \frac{1}{4}=\sum_{n=1}^{\infty}\frac{1}{5^n};\ \frac{1}{5}=\sum_{n=1}^{\infty}\frac{1}{6^n};\ \frac{1}{6}=\sum_{n=1}^{\infty}\frac{1}{7^n};$$

$$\frac{1}{9}=\sum_{n=1}^{\infty}\frac{1}{10^n};\quad \frac{1}{10}=\sum_{n=1}^{\infty}\frac{1}{11^n};\quad \frac{1}{11}=\sum_{n=1}^{\infty}\frac{1}{12^n};\quad \frac{1}{12}=\sum_{n=1}^{\infty}\frac{1}{13^n};\ \text{etc.}$$

Goldbach denota:

$$x = 1+\frac{1}{2}+\frac{1}{3}+\frac{1}{4}+\cdots$$

y agrupa todos los términos en series geométricas convenientes:

$$x = 1+\left(\frac{1}{2}+\frac{1}{4}+\frac{1}{8}+\cdots\right)+\left(\frac{1}{3}+\frac{1}{9}+\frac{1}{27}+\cdots\right)+$$

$$+\left(\frac{1}{5}+\frac{1}{25}+\frac{1}{125}+\cdots\right)+\left(\frac{1}{6}+\frac{1}{36}+\frac{1}{216}+\cdots\right)+\cdots=$$

$$=1+\sum_{n=1}^{\infty}\frac{1}{2^n}+\sum_{n=1}^{\infty}\frac{1}{3^n}+\sum_{n=1}^{\infty}\frac{1}{5^n}+\sum_{n=1}^{\infty}\frac{1}{6^n}+\sum_{n=1}^{\infty}\frac{1}{7^n}++\sum_{n=1}^{\infty}\frac{1}{10^n}+$$

$$+\sum_{n=1}^{\infty}\frac{1}{11^n}+\cdots=1+1+\frac{1}{2}+\frac{1}{4}+\frac{1}{5}+\frac{1}{6}+\frac{1}{9}+\frac{1}{10}+\cdots$$

Observemos que no expresamos las potencias de 4 ni las de 8 ni las de 9, etc. porque ya aparecen al tomar las potencias de 2 y de 3, etc. Luego:

$$x-1=1+\frac{1}{2}+\frac{1}{4}+\frac{1}{5}+\frac{1}{6}+\frac{1}{9}+\frac{1}{10}+\cdots$$

Entonces, si sustraemos de la serie armónica este valor, lo que nos queda será la suma infinita buscada, es decir:

$$x-(x-1)=1=\frac{1}{3}+\frac{1}{7}+\frac{1}{8}+\frac{1}{15}+\frac{1}{24}+\frac{1}{26}+\text{etc.}$$

Seguro que los rigoristas se habrán sentido alarmadísimos con estos razonamientos donde se usa el valor de la serie divergente armónica como si fuera un número real x. Además, al final tenemos una diferencia del tipo $\infty-\infty$, que como sabemos hoy es la expresión de una indeterminación. Por ejemplo, en:

$$n - \frac{5n^2}{1+5n}$$

tiende a un valor finito, en:

$$2n - \frac{5n^2}{1+5n}$$

diverge al infinito y en:

$$n + (-1)^n \frac{5n^2}{1+5n}$$

no es posible asignarle valor plausible. Queda claro por qué Goldbach, aunque tenía una *demostración*, desafió a sus dos talentosos corresponsales a encontrar otra.

No sabemos cuándo aparecieron las primeras demostraciones con todo el rigor necesario, pero podemos señalar que en uno de los libros mejor documentados sobre series, *Theory and Applications of Infinite Series* de Konrad Knopp, en su edición de 1951 se plantea este resultado de Goldbach-Euler como el problema 132. Posteriormente, en 1983, la popular revista *American Mathematical Monthly*[1] también lo planteaba como su problema E2999. Tres años más tarde [2] al fin encontramos una solución muy concisa y precisa dada por el grupo de resolución de problemas de la Universidad de Alabama, que reproducimos a continuación para disfrute de los lectores aficionados al tema.

Sea $S = \{n \in \mathbb{N} : \exists\, a \in \mathbb{N}, \exists\, k \in \mathbb{N}, k \geq 2, n = a^k\}$ y $T = \mathbb{N} \backslash S$ su complemento en el conjunto de los enteros positivos no nulos $\mathbb{N}$, entonces:

---

1. Volumen 90, n. 5.
2. Volumen 93, n.5.

$$\sum_{s \in S} \frac{1}{s-1} = \sum_{k \geq 2} \sum_{a \in T} \frac{1}{a^k - 1} = \sum_{k \geq 2} \sum_{a \in T} \sum_{i \geq 1} \frac{1}{a^{ik}} = \sum_{n \geq 2} \sum_{k \geq 2} \frac{1}{n^k}$$

$$= \sum_{n \geq 2} \frac{1}{n(n-1)} = 1$$

Como ocurre frecuentemente en la investigación matemática, las demostraciones más elegantes y concisas no son las que mejor se asimilan.

Recomendamos al lector interesado un artículo sumamente atractivo y didáctico que apareció recientemente en la misma revista, de tres autores catalanes (Pelegrí Viader, Lluís Bibiloni y Jaume Paradís), donde se expone una nueva demostración menos lacónica del teorema de Goldbach-Euler[3]. Destaquemos que este artículo ganó el prestigioso *Premio Lester R. Ford* por su calidad expositiva.

Otro desafío que aparece en otra carta de Goldbach a Euler, a raíz de la solución del problema de Basilea, fue encontrar la suma siguiente:

$$\frac{1}{15} + \frac{1}{63} + \frac{1}{80} + \frac{1}{255} + \frac{1}{624} + \frac{1}{728} + \cdots = S$$

y su solución es incluida también en [E-72] como *teorema 6.* Primero Euler observa que en los denominadores aparecen números cuadrados a los que se les ha restado una unidad, pero además, no son todos los cuadrados, sino solo aquellos que a la vez son otra potencia:

$$16 = 4^2 = 2^4; \;\; 64 = 8^2 = 4^3; \;\; 81 = 9^2 = 3^4; \;\; 256 = 16^2 = 4^4 = 2^8 \cdots$$

Después utiliza la solución que acaba de encontrar para el problema de Basilea, es decir, la suma de los inversos de los cuadrados:

3. *On a Series of Goldbach and Euler*, AMM 113, n.3, 206-220.

$$\frac{\pi^2}{6} = 1 + \frac{1}{4} + \frac{1}{9} + \frac{1}{16} + \frac{1}{25} + \frac{1}{36} + \frac{1}{49} + \frac{1}{64} +$$

$$+ \frac{1}{81} + \frac{1}{100} + \frac{1}{121} + \frac{1}{144} + \frac{1}{169} + \frac{1}{196} + \frac{1}{225} + \cdots$$

Reordena y agrupa convenientemente, para obtener:

$$\frac{\pi^2}{6} - 1 = \left(\frac{1}{4} + \frac{1}{16} + \frac{1}{64} + \cdots\right) + \left(\frac{1}{9} + \frac{1}{81} + \frac{1}{729} + \cdots\right) +$$

$$+ \left(\frac{1}{25} + \frac{1}{625} + \cdots\right) + \cdots$$

Las series entre paréntesis son todas series geométricas de razón:

$$\frac{1}{4} = \frac{1}{2^2},\ \frac{1}{9} = \frac{1}{3^2},\ \frac{1}{25} = \frac{1}{5^2},\ \frac{1}{36} = \frac{1}{3^2 2^2},\ \cdots$$

que suma para obtener:

$$\frac{\pi^2}{6} - 1 = \frac{1}{3} + \frac{1}{8} + \frac{1}{24} + \frac{1}{35} + \frac{1}{48} + \frac{1}{99} + \cdots$$

donde los denominadores son de la forma $k^2 - 1$, para $k^2 \neq p^m$, $m \neq 2, p - primo$.

Por otra parte:

$$\frac{1}{3} + \frac{1}{8} + \frac{1}{15} + \frac{1}{24} + \frac{1}{35} + \frac{1}{48} + \frac{1}{63} + \frac{1}{80} + \frac{1}{99} + \cdots =$$

$$= \frac{1}{2}\left[\frac{2}{3} + \frac{2}{8} + \frac{2}{15} + \frac{2}{24} + \frac{2}{35} + \frac{2}{48} + \frac{2}{63} + \frac{2}{80} + \frac{2}{99} + \cdots\right] =$$

$$= \frac{1}{2}\left[\left(1 - \frac{1}{3}\right) + \left(\frac{1}{2} - \frac{1}{4}\right) + \left(\frac{1}{3} - \frac{1}{5}\right) + \left(\frac{1}{4} - \frac{1}{6}\right) + \left(\frac{1}{5} - \frac{1}{7}\right) + \left(\frac{1}{6} - \frac{1}{8}\right) + \cdots\right] =$$

$$= \frac{1}{2}\left[1 + \frac{1}{2}\right] = \frac{3}{4}$$

Ahora utiliza un artilugio muy simple para cerrar con broche de oro:

$$S = \frac{1}{15} + \frac{1}{63} + \frac{1}{80} + \frac{1}{255} + \frac{1}{624} + \cdots =$$

$$= \left[\frac{1}{3} + \frac{1}{8} + \frac{1}{15} + \frac{1}{24} + \frac{1}{35} + \frac{1}{48} + \cdots\right] - \left[\frac{1}{3} + \frac{1}{8} + \frac{1}{24} + \frac{1}{35} + \frac{1}{48} + \cdots\right] =$$

$$= \frac{3}{4} - \left[\frac{\pi^2}{6} - 1\right] = \frac{7}{4} - \frac{\pi^2}{6}$$

Nos quitamos el sombrero ante la maestría calculista de Euler y la inspiración de Goldbach.

Series armónicas alternadas

Relacionadas con la serie armónica están las subseries que poseen signos alternados o, como se denominan por abuso de lenguaje, *series armónicas alternadas*. Leibniz las usó tanto para la cuadratura del círculo como para la cuadratura de la hipérbola:

$$\frac{\pi}{4} = 1 - \frac{1}{3} + \frac{1}{5} - \frac{1}{7} + \frac{1}{9} - \text{ etc.}$$

$$\ln 2 = 1 - \frac{1}{2} + \frac{1}{3} - \frac{1}{4} + \frac{1}{5} - \frac{1}{6} + \text{ etc.}$$

Goldbach las manipuló tan desenfadadamente como hizo con la armónica. Pero en el caso de las alternadas tales libertades pueden provocar grandes errores. Nosotros sabemos hoy que existe una gran diferencia entre las series de términos positivos y las series con signos alternos: las series alternadas, aun siendo convergentes, pueden no serlo cuando tomamos su valor modular, es decir, pueden no ser tan firmes en su condición de convergentes, por eso se dice que son *condicionalmente convergentes*, para diferenciarlas de las *absolutamente convergentes*. Por ejemplo, las dos series alternadas anteriores, usadas por Leibniz para las cuadraturas, son condicionalmente convergentes, como es fácil comprobar. En cambio:

$$1 - \frac{1}{3^3} + \frac{1}{5^3} - \frac{1}{7^3} + \frac{1}{9^3} - \frac{1}{11^3} + \text{etc.}$$

es absolutamente convergente.

Con su habitual ingenio, Euler encontró la suma de las series alternadas que tienen la forma:

$$1 - \frac{1}{3^{2k+1}} + \frac{1}{5^{2k+1}} - \frac{1}{7^{2k+1}} + \cdots = \gamma_k \frac{\pi^{2k+1}}{2^{k+2}}$$

donde γ_k son los coeficientes en el desarrollo de la secante:

$$\sec x = \sum_{k=0}^{\infty} \gamma_k x^{2k}$$

En particular, cuando $k = 1$ se obtiene la suma $\frac{\pi^3}{32}$. En su obra *Tratado de cálculo diferencial* resumió muchos de sus logros con las llamadas genéricamente *sumas de Euler*.

Se conoce un criterio que Leibniz utilizó con asiduidad para las series alternadas: si el término general en valor absoluto tiende a cero de forma monótona decreciente, como ocurre en las series armónicas alternadas, entonces forzosamente la serie es convergente. Pero Leibniz no diferenciaba las condicionalmente convergentes de las absolutamente convergentes. En los tiempos de Goldbach y Euler tampoco se diferenciaban, mas queremos resaltar como muestra de la sagacidad de Goldbach que, en una carta del 1 de octubre de 1742, le comenta a Euler que está seguro de que reordenando la serie armónica alternada se puede obtener como suma cualquier valor predeterminado. Euler le responde confirmando ese criterio, pero no da ejemplos concretos. Sería diez años más tarde cuando expondría ingeniosamente varios reordenamientos de la serie armónica alternada con sumas π, $\frac{\pi}{2}$, $\frac{\pi}{6}$, etc. Un siglo después, Bernhard Riemann demostraría una diferencia sustancial y sorprendente entre la convergencia absoluta y la condicional: mientras que las series absolutamente convergentes se pueden reordenar y siempre permanecen convergentes y al mismo valor, las series condicionalmente convergentes se pueden reordenar de tal forma que su suma sea cualquier número real dado, incluso el infinito. De esta forma, una vez más, la clarividencia de Goldbach y el ingenio de Euler quedaban evidenciados.

Las series armónicas dobles

Después de su incursión en las subseries de la armónica y en los reordenamientos de la armónica alternada, la imaginación y la audacia de Goldbach no podían dejar de especular sobre el problema de las series armónicas dobles. Como no es necesario enfatizar, los problemas con series dobles son mucho más difíciles que los problemas con series simples, que no son bocado fácil. Nosotros nos limitaremos a esbozar las ideas que Goldbach transmite y algunas de las ocurrencias de Euler con el propósito de abrir el apetito del lector sobre un tema donde quedan muchos problemas abiertos.

Al parecer fue en el verano de 1742 cuando Goldbach planteó a Euler por primera vez un desafío en esta dirección:

Quiero saber si Vuestra Excelencia puede expresar por logaritmo y cuadratura del círculo [quiere decir por π] *las sumas de las series:*

$$ab^2 + (a+b)c^2 + (a+b+c)d^2 + \text{ etc.}$$

$$a^2b + (a^2+b^2)c + (a^2+b^2+c^2)d + \text{ etc}$$

si $a = 1,\ b = -\frac{1}{2},\ c = \frac{1}{3},\ d = -\frac{1}{4}$, *etc., es decir, cuando*

$$a+b+c+d+\cdots = \ln 2.$$

En este caso particular, Goldbach reta a Euler a encontrar las sumas infinitas:

$$\frac{1}{4}+\frac{1}{9}\left(1-\frac{1}{2}\right)+\frac{1}{16}\left(1-\frac{1}{2}+\frac{1}{3}\right)+\frac{1}{25}\left(1-\frac{1}{2}+\frac{1}{3}-\frac{1}{4}\right)+\cdots+$$

$$+\frac{1}{(n+1)^2}\left(1-\frac{1}{2}+\cdots+(-1)^{n-1}\frac{1}{n}\right)+\cdots$$

$$-\frac{1}{2}+\frac{1}{3}\left(1+\frac{1}{4}\right)-\frac{1}{4}\left(1+\frac{1}{4}+\frac{1}{9}\right)+\frac{1}{5}\left(1+\frac{1}{4}+\frac{1}{9}+\frac{1}{16}\right)-\cdots+$$

$$+(-1)^n\frac{1}{n+1}\left(1+\frac{1}{4}+\frac{1}{9}+\cdots+\frac{1}{n^2}\right)+\cdots$$

Euler le responde que aunque ha pensado durante varias jornadas no le ha sido posible encontrar esas sumas, pero ha aprovechado sus reflexiones para obtener la suma de la serie alternada:

$$C=1-\frac{1}{8}+\frac{1}{27}-\frac{1}{64}+\frac{1}{125}-\cdots=\sum_{n=1}^{\infty}(-1)^{n+1}\frac{1}{n^3}$$

Es célebre una carta de pocos meses después, con fecha 24 de diciembre de 1742, en la que Goldbach, como regalo navideño a Euler, le plantea una forma de tratamiento de las series dobles del tipo armónico general, incluyendo las alternadas:

$$1\pm\frac{1}{2^n}\left(1+\frac{1}{2^m}\right)\pm\frac{1}{3^n}\left(1+\frac{1}{2^m}+\frac{1}{3^m}\right)\pm\frac{1}{4^n}\left(1+\frac{1}{2^m}+\frac{1}{3^m}+\frac{1}{4^m}\right)+\cdots$$

El método de Goldbach consiste en reducir con sus artimañas el cálculo de estas sumas dobles al cálculo de las sumas de Euler:

$$\sum_{k=1}^{\infty}\frac{1}{k^n}$$

y lo ilustra con el caso $m = 1$ y $n = 2$:

$$1+\frac{1}{2^2}\left(1+\frac{1}{2}\right)+\frac{1}{3^2}\left(1+\frac{1}{2}+\frac{1}{3}\right)+\frac{1}{4^2}\left(1+\frac{1}{2}+\frac{1}{3}+\frac{1}{4}\right)+\cdots=\sum_{k=1}^{\infty}\frac{1}{k^3}$$

donde se reduce el cálculo, aunque la suma $\zeta(3)$ es desconocida.

Pero añade el caso $m = 1$ y $n = 3$, del que encuentra la suma exacta a través de la cuadratura del círculo y unos arduos artificios:

$$1 + \frac{1}{2^3}\left(1 + \frac{1}{2}\right) + \frac{1}{3^3}\left(1 + \frac{1}{2} + \frac{1}{3}\right) + \frac{1}{4^3}\left(1 + \frac{1}{2} + \frac{1}{3} + \frac{1}{4}\right) + \cdots = \frac{\pi^4}{72}$$

Entonces, el 5 enero de 1743, como regalo del día de Reyes, Euler le envía sus incipientes logros con las series de Goldbach.

Supone que:

$$p = 1 - \frac{1}{2}\left(1 - \frac{1}{4}\right) + \frac{1}{3}\left(1 - \frac{1}{4} + \frac{1}{9}\right) - \frac{1}{4}\left(1 - \frac{1}{4} + \frac{1}{9} - \frac{1}{16}\right) + \text{ etc.}$$

$$q = \frac{1}{4} \cdot 1 - \frac{1}{9}\left(1 - \frac{1}{2}\right) + \frac{1}{16}\left(1 - \frac{1}{2} + \frac{1}{3}\right) - \frac{1}{25}\left(1 - \frac{1}{2} + \frac{1}{3} - \frac{1}{4}\right) + \text{ etc.}$$

Y llega a que:

$$p - q = \left(1 - \frac{1}{2} + \frac{1}{3} - \frac{1}{4} + \text{ etc.}\right)\left(1 - \frac{1}{4} + \frac{1}{9} - \frac{1}{16} + \text{ etc.}\right) = \frac{\pi^2}{12}\ln 2$$

Dice que sumando una se obtiene la otra, pero que no ha encontrado cómo hacerlo.

También le comunica que ha logrado sumar la serie doble:

$$1 - \frac{1}{4}\left(1 - \frac{1}{4}\right) + \frac{1}{9}\left(1 - \frac{1}{4} + \frac{1}{9}\right) - \frac{1}{16}\left(1 - \frac{1}{4} + \frac{1}{9} - \frac{1}{16}\right) + \text{ etc.} = \frac{13}{1440}\pi^4$$

Y a su vez reta a Goldbach para que encuentre:

$$r = \frac{1}{2} \cdot 1 - \frac{1}{3}\left(1 - \frac{1}{4}\right) + \frac{1}{4}\left(1 - \frac{1}{4} + \frac{1}{9}\right) - \frac{1}{5}\left(1 - \frac{1}{4} + \frac{1}{9} - \frac{1}{16}\right) + \text{ etc.}$$

Si Goldbach logra hallar el valor exacto de r entonces $p + r$ daría la tan ansiada suma de:

$$\zeta(3) = 1 + \frac{1}{2^3} + \frac{1}{3^3} + \frac{1}{4^3} + \text{ etc.}$$

También le indica que cometió un error en las sumas de p y q que usó en el ejemplo de reducción de una serie doble a la serie armónica $\zeta(3)$.

Con gran entusiasmo, pocos días después y sin esperar respuesta de Goldbach, Euler le informa de que ha logrado rectificar el error. Como consecuencia de sus elucubraciones ha llegado a que las series dobles de Goldbach son sumables siempre que $4mn - m - n$ no sea un cuadrado.

Lo más agradable es que escribe estas palabras de encomio:

> "Vuestra Excelencia habrá observado de hecho que su error de escritura ha sido como una gran suerte, pues ha dado lugar a tan genial descubrimiento [se refiere a que la suma de la serie doble de Goldbach permite hallar la suma de los recíprocos de los cubos]. Me costó muchas horas y cálculos antes de verificar las sumas que me había presentado. Pero no puedo vanagloriarme más que de haberlo demostrado. El método que seguí para lograrlo es bien complicado y no hubiese sido capaz de encontrar esas sumas si no me hubiesen sido comunicados sus resultados anteriores".

Reproducimos aquí fragmentos de la carta de Euler con fecha del 19 de enero de 1743 donde se suman varias *series de Goldbach*. Euler se basa en sus sumas:

$$\zeta(2k) = \sum_{n=1}^{\infty} \frac{1}{n^{2k}}$$

Los cálculos no son sencillos, solo mostramos los resultados para aquellos lectores curiosos.

$$A = \frac{1}{1^2} + \frac{1}{2^2} + \frac{1}{3^2} + \frac{1}{4^2} + \text{etc.} \qquad B = 1 + \frac{1}{2^3} + \frac{1}{3^3} + \frac{1}{4^3} + \text{etc.}$$

$$C = \frac{1}{1^4} + \frac{1}{2^4} + \frac{1}{3^4} + \frac{1}{4^4} + \text{etc.} \qquad D = 1 + \frac{1}{2^5} + \frac{1}{3^5} + \frac{1}{4^5} + \text{etc.}$$

$$E = \frac{1}{1^6} + \frac{1}{2^6} + \frac{1}{3^6} + \frac{1}{4^6} + \text{etc.} \qquad F = 1 + \frac{1}{2^7} + \frac{1}{3^7} + \frac{1}{4^7} + \text{etc.}$$

$$G = \frac{1}{1^8} + \frac{1}{2^8} + \frac{1}{3^8} + \frac{1}{4^8} + \text{etc.} \qquad H = 1 + \frac{1}{2^9} + \frac{1}{3^9} + \frac{1}{4^9} + \text{etc.}$$

$$\alpha = 1 + \frac{1}{2^3}\left(1 + \frac{1}{2}\right) - \frac{1}{3^3}\left(1 + \frac{1}{2} + \frac{1}{3}\right) + \frac{1}{4^3}\left(1 + \frac{1}{2} + \frac{1}{3} + \frac{1}{4}\right) + \text{etc.} =$$

$$= \frac{1}{2}AA$$

$$\beta = 1 + \frac{1}{2^5}\left(1 + \frac{1}{2}\right) - \frac{1}{3^5}\left(1 + \frac{1}{2} + \frac{1}{3}\right) + \frac{1}{4^5}\left(1 + \frac{1}{2} + \frac{1}{3} + \frac{1}{4}\right) + \text{etc.} =$$

$$= AC - \frac{1}{2}BB$$

$$\gamma = 1 + \frac{1}{2^7}\left(1 + \frac{1}{2}\right) - \frac{1}{3^7}\left(1 + \frac{1}{2} + \frac{1}{3}\right) + \frac{1}{4^7}\left(1 + \frac{1}{2} + \frac{1}{3} + \frac{1}{4}\right) + \text{etc.} =$$

$$= AE - BD + \frac{1}{2}CC$$

$$\delta = 1 + \frac{1}{2^9}\left(1 + \frac{1}{2}\right) - \frac{1}{3^9}\left(1 + \frac{1}{2} + \frac{1}{3}\right) + \frac{1}{4^9}\left(1 + \frac{1}{2} + \frac{1}{3} + \frac{1}{4}\right) + \text{etc.} =$$

$$= AG - BF + CE - \frac{1}{2}DD$$

$$a = 1 + \frac{1}{2^2}\left(1 + \frac{1}{2^2}\right) - \frac{1}{3^2}\left(1 + \frac{1}{2^2} + \frac{1}{3^2}\right) + \frac{1}{4^2}\left(1 + \frac{1}{2^2} + \frac{1}{3^2} + \frac{1}{4^2}\right) +$$

$$+ \text{etc.} = \frac{1}{2}AA + \frac{1}{2}C$$

$$b = 1 + \frac{1}{2^4}\left(1 + \frac{1}{2^2}\right) - \frac{1}{3^4}\left(1 + \frac{1}{2^2} + \frac{1}{3^2}\right) + \frac{1}{4^4}\left(1 + \frac{1}{2^2} + \frac{1}{3^2} + \frac{1}{4^2}\right) +$$

$$+ \text{etc.} = BB - \frac{1}{3}E$$

La respuesta de Goldbach tampoco se demora demasiado, así que el 5 de febrero sale una misiva de San Petersburgo a Berlín en la que está la rectificación de su error en el caso particular $m = 1$ y $n = 3$, lo que muestra una vez más su habilidad para manipular con evidente desenfado todo tipo de sumas infinitas. Pero no queremos hastiar al lector con los espinosos cálculos del *consejero de los grandes*.

Euler se mantuvo siempre motivado con las series dobles y agradecido por la idea de Goldbach de relacionarlas con las $\zeta(k)$ y, sobre todo, con la búsqueda de solución al problema de los valores exactos de $\zeta(2k + 1)$. Por eso a las series armónicas dobles las llamaba *series de Goldbach* en su honor. Destaquemos, en particular, que seis años después de la muerte de Goldbach, en 1771, Euler escribe el artículo [E477], donde halla una nueva relación sorprendente:

$$\zeta(3) = \sum_{k=1}^{\infty} \frac{1}{k^3} = 8\sum_{k=1}^{\infty} \frac{(-1)^{k-1}}{k^2} \sum_{i=1}^{k-1} \frac{1}{i}$$

El tema de las series armónicas múltiples o, como suele denominarse hoy, el estudio de la función zeta múltiple, mantiene una vitalidad asombrosa, precisamente porque aún la función zeta de Riemann presenta muchos misterios y barreras inexpugnables y, según indicó por primera vez Goldbach, existe una íntima relación entre las series múltiples y las simples.

Sobre todo en las últimas décadas del siglo pasado, con el uso de las nuevas técnicas de computación electrónica y las ideas de la emergente *matemática experimental*, se han logrado admirables aplicaciones y estupendas aproximaciones a los valores exactos de sus sumas. Por ejemplo, en el *Primer Congreso Europeo de Matemáticas,* celebrado a principios de la década de los 90, se presentaron diferentes aplicaciones a la teoría cuántica de campos, al análisis armónico, la K-teoría, al álgebra computacional y a la teoría de nudos. Además, se presentaron los últimos cálculos de, nada más y nada menos, diez millones de cifras decimales para el valor irracional de $\zeta(3)$.

Recomendamos al lector interesado un simpático artículo de Jonathan Borwein y David Bradley: *Thirty-two Goldbach Variations*[4], donde se da una información detallada de la problemática y su metodología. Como destaca su título, en el artículo se exponen 32 variantes de demostración de lo que ellos llaman *una pequeña joya matemática*, la identidad fundamental de Goldbach-Euler:

$$\zeta(2,1) = \zeta(3) = 8\zeta(\bar{2},1)$$

Aquí se usa la notación actual para la función zeta doble, sea con signos constantes o alternos:

$$\zeta(n,m) = 1 + \frac{1}{2^n}\left(1 + \frac{1}{2^m}\right) + \frac{1}{3^n}\left(1 + \frac{1}{2^m} + \frac{1}{3^m}\right) + + \frac{1}{4^n}\left(1 + \frac{1}{2^m} + \frac{1}{3^m} + \frac{1}{4^m}\right) + \cdots$$

$$\zeta(\bar{n},m) = 1 - \frac{1}{2^n}\left(1 + \frac{1}{2^m}\right) + \frac{1}{3^n}\left(1 + \frac{1}{2^m} + \frac{1}{3^m}\right) - - \frac{1}{4^n}\left(1 + \frac{1}{2^m} + \frac{1}{3^m} + \frac{1}{4^m}\right) + \cdots$$

El ingenio de Goldbach en el tratamiento de las sumas infinitas resulta acorde con el estilo fresco y artificioso de la época dorada de este arte. Nuestra exposición ha pretendido mostrar por qué sus ideas rudimentarias, corregidas, aumentadas y mejor expresadas por Euler, se pueden considerar como germen de lo que en la encrucijada de los siglos XIX y XX se conformaría como la *teoría de los algoritmos de sumación*.

Esperamos que el paciente lector que haya leído este capítulo haya llegado a la misma conclusión que nosotros: Goldbach poseía una fértil intuición matemática y era capaz de lanzar atrevidas con-

4. *International Journal of Number Theory*, Volumen 2, n. 1, 65-103, 2006.

jeturas en el campo de las sumas infinitas, algo que demostró también en la teoría elemental de los números, como aquella conjetura que ha dado fama a su nombre y cuyas peripecias, desde su época hasta la actualidad, comentaremos en el capítulo siguiente.

3 Andanzas de una ingeniosa conjetura

No creo que sea totalmente inútil plantear aquellas proposiciones
que son muy probables aunque falte una verdadera demostración,
pues aun cuando se descubra que son incorrectas,
pueden conducir al descubrimiento de una nueva verdad.

En carta de Goldbach a Euler, 7 de junio de 1742

La primavera de 1742 lucía sus mejores galas y el suave sol de Rusia inspiraba a Goldbach. Aquel 7 de junio su pluma traducía al papel las ideas que deseaba compartir con su amigo Euler, quien se había trasladado a Berlín el año anterior. En particular, le escribe sobre Fermat y sus proposiciones sobre los números primos:

La idea de Fermat de que todo número $2^{2^n-1}+1$ *produce una sucesión de números primos no es consistente, como Su Excelencia ya ha demostrado, pero sería algo extraño el que esa serie de números se pudiera dividir de modo único en dos cuadrados. De esa manera quisiera aventurar una conjetura: todo número que esté formado por dos números primos es una suma de tantos números primos como se desee (contando entre ellos a las unidades), hasta alcanzar solo unidades. Por ejemplo:*

$$
\begin{array}{lll}
4 = 1+3 & 5 = 2+3 & 6 = 1+5 \\
 = 1+1+2 & = 1+1+3 & = 1+2+3 \\
 = 1+1+1+1 & = 1+1+1+2 & = 1+1+1+3 \\
 & = 1+1+1+1+1 & = 1+1+1+1+2 \\
 & & = 1+1+1+1+1+1
\end{array}
$$

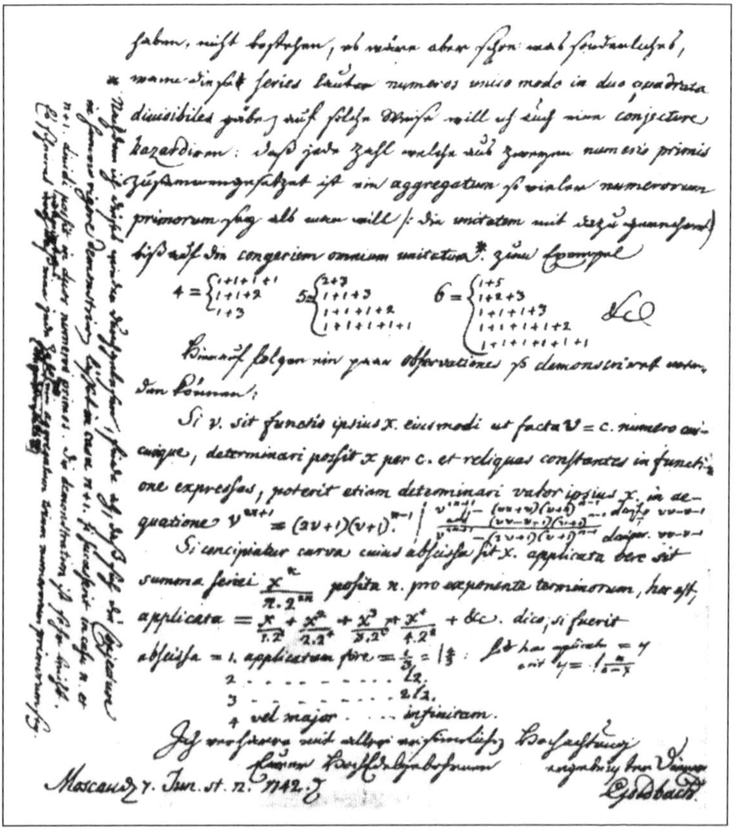

Carta de Goldbach a Euler
fechada en Moscú el 7 de junio de 1742.

Pero su especulación no se detiene aquí. Será magnífico presentar algo más que una conjetura: ¿acaso podría demostrarla? Al leer lo ya escrito reconoce que podría mejorar su conjetura y escribe al margen:

> *Al volver a leer esto encuentro que esta conjetura se podría demostrar con sumo rigor en el caso $n + 1$ si se cumple en el caso n, y $n + 1$ se divide en dos números primos. La demostración es muy sencilla. Parece ser al menos que todo número de ese tipo que sea mayor que 1 es un* aggregatum trium numerorum *(suma de tres números primos).*

Su firma sella la carta, que parte ese mismo día hacia su destino berlinés.

Mientras tanto, en lo que Goldbach espera la respuesta de su compañero de disquisiciones, sería conveniente observar más de cerca su planteamiento.

Si tenemos en cuenta que Goldbach considera al número 1 entre los primos, lo más sencillo sería intentar escribir como suma de la menor cantidad posible de números primos (incluyendo al 1) a los primeros números:

$$2 = 1 + 1$$

$$3 = 2 + 1$$

$$4 = 2 + 2 = 3 + 1 = 2 + 1 + 1$$

$$5 = 3 + 2 = 3 + 1 + 1$$

$$6 = 3 + 3 = 3 + 2 + 1 = 2 + 2 + 2$$

$$7 = 5 + 2 = 3 + 2 + 2 = 5 + 1 + 1$$

$$8 = 5 + 3 = 3 + 3 + 2 = 7 + 1$$

$$9 = 7 + 2 = 5 + 2 + 2 = 3 + 3 + 3$$

$$10 = 7 + 3 = 5 + 5 = 7 + 2 + 1 = 5 + 3 + 2$$

$$11 = 7 + 2 + 2 = 5 + 3 + 3$$

Con esos pocos números parece que Goldbach tiene razón. Es más, en la proposición final al margen de su carta, él plantea que se demostraría muy fácilmente para $n + 1$ si se cumple para n, y $n + 1$ se puede representar como suma de dos números primos; y en eso tiene toda la razón, pues si $n = p + q$, de modo que p y q son números primos, entonces $n+1 = p+q+1$ y se logra la representación buscada para $n + 1$. Por tanto, Goldbach ha planteado en su carta la siguiente tesis (que indica cómo demostrarla mediante el método de la inducción matemática):

Si un número se puede representar como suma de dos números primos, entonces también se puede representar como suma de tres números primos.

Luego el problema se reduce a determinar qué números se pueden representar como suma de dos números primos.

Por otra parte, en la actualidad no se considera al 1 como número primo. De hecho, para nosotros un número primo es aquel entero positivo que tiene exactamente solo dos divisores positivos diferentes, es decir, el 1 y el mismo número. Así son primos, por ejemplo, los números 2, 3, 5, 7, 11, 13, 17, 19, 23... ¿Qué sucede entonces con la hipótesis de Goldbach?

Eliminando al 1 de las representaciones anteriores obtenemos:

$$
\begin{aligned}
4 &= 2 + 2 \\
5 &= 3 + 2 \\
6 &= 3 + 3 = 2 + 2 + 2 \\
7 &= 5 + 2 = 3 + 2 + 2 \\
8 &= 5 + 3 = 3 + 3 + 2 \\
9 &= 7 + 2 = 5 + 2 + 2 = 3 + 3 + 3 \\
10 &= 7 + 3 = 5 + 5 = 5 + 3 + 2 \\
11 &= 7 + 2 + 2 = 5 + 3 + 3
\end{aligned}
$$

Todo parece maravilloso hasta que llegamos al número 11. Este número, aunque no niega la tesis de Goldbach, no se puede representar como suma de dos números primos. Sin embargo, el número $12 = 9 + 3$ sí lo cumple. ¿Será que de todos modos es cierta la conjetura, al menos a partir de cierto número?

Pero atención, Euler ha recibido ya la carta. Con certeza su mente maravillosa recuerda sus conversaciones anteriores en San Petersburgo y establece relaciones... El 30 de junio de 1742 responde a su amigo:

> "Que un número que sea resoluble en dos números primos se puede descomponer a la vez en tantos números primos como se quiera puede ser ilustrado y confirmado a partir de una observación que Su Excelencia me había comunicado anteriormente: que todo número par es una suma *duom numerorum primorum* [de dos números primos]. Puesto que el número propuesto n es par, entonces n es una suma de dos números primos y como $n - 2$ también es una suma *duom numerorum primorum*, entonces n es una suma *trium*, y también *quator*, etc. Si n es un número impar entonces él es una suma *trium numerorum primorum*, porque $n - 1$ es una suma *duorum* y por tanto se puede resolver en *quotis plures*.
>
> Pero el que todo número par sea una suma *duorum primorum* lo considero un teorema, a pesar de que no puedo demostrarlo..."

La respuesta de Euler a vuelta de correo no solo coincide con la afirmación de su amigo, sino que plantea una demostración muy sencilla. ¿Cuál es el razonamiento de Euler?

Considera como hipótesis que todo número par es suma de dos números primos y analiza los casos en que el número n es par o impar.

Si n es par entonces $n - 2$ también lo es y, por tanto, $n - 2 = p + q$, donde p y q son números primos. Entonces n es suma de tres números primos $n = p + q + 2$. Realizando el mismo análisis para

$n - 4$ (que también es par) se obtiene $n = p + q + 2 + 2$, al considerar a p y q números primos tales que $n - 4 = p + q$. Por tanto, n es suma de cuatro números primos, y así sucesivamente.

En el caso de que n sea impar, entonces $n - 1$ es par, por lo que se representa como la suma $n - 1 = p + q$ de dos números primos. Entonces se cumple lo planteado por Goldbach, pues $n = p + q + 1$. Repitiendo el proceso para $n - 3$ (que también es par) se obtiene $n = p + q + 3 = p + q + 2 + 1$, al considerar a p y q números primos tales que $n - 3 = p + q$. Por tanto, n es suma de tres y de cuatro números primos, y así sucesivamente.

Pero en su carta Euler escribe que Goldbach le había comunicado anteriormente que *"todo número par es una suma* duom numerorum primorum", y afirma que lo considera un teorema, a pesar de que no pueda demostrarlo.

No deben existir dudas acerca de que Euler aplicase sus grandes habilidades de cálculo a este problema. Seguramente, al igual que nosotros, se encontró con que el número 11 no se podía representar como suma de dos números primos, y que lo mismo sucede con muchos otros números como, por ejemplo, el 17 y el 23. Sin embargo, esto no sucede con los números pares: todos los que se podían calcular con solo papel y pluma (que eran los únicos útiles de escritura disponibles en la época de Euler) se pueden escribir como suma de dos números primos. Incluso puede que intentase obtener representaciones que no incluyeran al número 1, pues en su libro *Álgebra* de 1770 no considera al 1 como número primo.

Esta conjetura se conoce en la actualidad con el nombre de *conjetura binaria o fuerte de Goldbach* y, al no considerar al 1 como número primo, se expresa en la forma:

Conjetura fuerte de Goldbach
Todo número par mayor que 2 puede escribirse al menos de una forma como suma de dos números primos.

Si representamos la conjetura fuerte de Goldbach a través de la ecuación $2n = p + q$, donde n es un número natural mayor que 1 y p y q son números primos, la expresión equivalente:

$$n = \frac{p+q}{2}$$

nos permite expresar la conjetura en la forma:

Todo número natural mayor que 1 es el promedio de dos números primos.

A partir de la veracidad de la conjetura fuerte de Goldbach, resulta sencillo deducir la llamada *conjetura débil o ternaria de Goldbach*, que se acerca más al planteamiento de su carta a Euler y que se expresa en la forma actual:

Conjetura débil de Goldbach

Todo número impar mayor que 5 puede escribirse al menos de una forma como suma de tres números primos.

La demostración de esta afirmación a partir de la conjetura fuerte de Goldbach es muy sencilla, pues si n es un número impar mayor que 3, entonces se cumple que $n = 3 + m$, siendo m un número par mayor que 2, el cual, a su vez, según la conjetura fuerte de Goldbach, es la suma de dos números primos $m = p + q$. Luego $n = 3 + p + q$.

Pero ¿qué antecedentes tiene la conjetura?

Como vimos, Euler afirma en su carta que Goldbach le había comunicado anteriormente que "*todo número par es una suma* duom numerorum primorum". Ello nos hace suponer que esa es la razón de que se le haya dado su nombre a la conjetura. Sin embargo, no son ellos los únicos que se ocuparon del tema.

Descartes

René Descartes, óleo realizado en 1649 por el pintor holandés Frans Hals (Museo del Louvre, París).

René Descartes *(1596-1650), filósofo, científico y geómetra francés, es considerado el fundador de la filosofía moderna. Nació en La Haye en el seno de una familia de la baja nobleza que ya había dado algunos hombres eruditos. Estudió en el colegio jesuita de La Flèche (en Anjou), donde aprendió matemáticas, las disciplinas clásicas tradicionales y las principales doctrinas del escolasticismo, tendentes a orientar la razón humana hacia la comprensión de la doctrina cristiana, y se licenció en derecho en la Universidad de Poitiers, aunque nunca llegó a ejercer como jurista.*

Su interés se centró siempre en los problemas de las matemáticas y la filosofía, a los que dedicó el resto de su vida. Durante nueve

Casi cien años antes de Goldbach y Euler, otro famoso pensador, René Descartes, planteaba que todo número par es suma de uno, dos o tres números primos. ¿Será entonces que Goldbach y Euler ignoraban el planteamiento de Descartes?

años sirvió como voluntario en diferentes ejércitos y tras realizar numerosos viajes residió en París desde 1625 a 1628. Durante este periodo se dedicó al estudio de la filosofía y también realizó experimentos de óptica. En 1628, después de vender las propiedades que poseía en Francia, se trasladó a los Países Bajos y vivió en diferentes ciudades (Amsterdam, Utrecht y Leiden). Se supone que fue allí donde escribió su más famosa obra, Discurso del método. *Antes de concluirlo comenzó a elaborar tres ensayos (*Dióptrica, Geometría *y* Meteoros*), que presentaría como tres ejemplos concretos, ilustrativos del poder del método cuando se aplica a líneas de investigación específicas, y que publicaría en 1637 como apéndices del* Discurso del método.

Su contribución más notable a las matemáticas fue la algebrización de la geometría, que realizó sin conocer la obra de Fermat sobre el mismo tema. Ambos geómetras franceses consiguieron sistematizar el análisis de la dependencia entre las variables de la ecuación algebraica asociada a un lugar geométrico, por lo que se les considera creadores de la geometría analítica. Se preocupó por clasificar las curvas según el tipo de ecuaciones que las producen y contribuyó también a la elaboración de la teoría de las ecuaciones. Fue el responsable de la utilización de las últimas letras del alfabeto para designar las cantidades desconocidas y las primeras letras para las conocidas. Además, formuló la regla (conocida como ley cartesiana de los signos) para descifrar el número de raíces negativas y positivas de cualquier ecuación algebraica.

En 1649, un año antes de su muerte, Descartes fue a Suecia. Al morir, sus posesiones fueron enviadas de vuelta a Francia, pero justo al llegar a París la caja con sus manuscritos cayó al Sena. Fue rescatada y algunos de sus discípulos se dedicaron a copiar los pa-

Waring

Edward Waring *(1734-1798) nació en Shrewsbury, Inglaterra, en una familia de granjeros. Ingresó en el Magdalen College de Cambridge en 1753 con una beca que completaba con su trabajo como sirviente. Inmediatamente impresionó a sus maestros con su habilidad matemática y se graduó en 1757 como licenciado en filosofía y letras. En abril de 1754 pasó a ser miembro del Magdalen College, donde desarrolló su más famosa obra:* Meditaciones algebraicas, *que trata temas de la teoría de ecuaciones, la teoría de números y la geometría. En 1763 fue elegido miembro de la Royal Society, participación a la cual renunciará en 1795. En el año 1767 Waring se graduó como doctor en medicina y ejerció hasta 1770 a la vez que mantenía su cátedra en el Magdalen College. En vida recibió importantes honores, como su ingreso en la Sociedad Real de Gotinga o la Sociedad Real de Bolonia. Pocos leyeron su obra llena de proposiciones ingeniosas, pero escrita en un estilo confuso y con una notación peculiar. Quizás su valoración más exacta la realizó Thomas Thomson: "Waring era uno de los matemáticos más profundos del decimoctavo siglo; pero la escasa elegancia y la oscuridad de sus escritos le impidieron obtener la reputación que merecía".*

peles. De este modo el trabajo de Descartes desapareció entre los escritos de sus discípulos y no salió a la luz hasta que fue redescubierto y publicado en 1908, más de un siglo después de la muerte de Goldbach y Euler.

En 1770 otro matemático de relativa fama, Edward Waring, publica su libro Meditaciones algebraicas. El problema 63 del libro trataba sobre la representación de un número en diferentes formas, como producto o como suma de enteros, y después de algunos ejemplos, Waring escribe:

> "[...] aquí es apropiado mencionar algunas propiedades de los enteros y de los números primos: 1) todo número par es suma de dos primos y todo número impar es primo o suma de tres primos..."

Resulta entonces que Waring presenta las conjeturas fuerte y débil de Goldbach en una forma mucho más cercana a la actual, pero en su trabajo no hace mención alguna a este matemático. Como la correspondencia entre Goldbach y Euler se publicó por primera vez en 1843, es de suponer que Waring, a pesar de ser coetáneo, no tuviera conocimiento de lo conjeturado por ellos.

Pero tras el intercambio de correspondencia entre Euler y Goldbach han transcurrido más de 260 años y ¿qué ha sucedido con su conjetura? ¿Acaso alguien ha logrado lo que no pudo la mente brillante de Euler? ¿Quizá las máquinas alcanzaron lo que no consiguieron los hombres?

La odisea de la conjetura de Goldbach

Antes de conocer el camino recorrido en el intento de demostrar la conjetura fuerte de Goldbach, observémosla más de cerca.

Si desarrollamos los primeros números pares se tiene:

$$
\begin{aligned}
4 &= 2+2\\
6 &= 3+3\\
8 &= 3+5\\
10 &= 5+5\\
12 &= 5+7\\
14 &= 7+7\\
16 &= 11+5\\
18 &= 7+11\\
20 &= 3+17\\
22 &= 11+11 = 5+17 = 3+19
\end{aligned}
$$

Aquí se observa que la descomposición buscada, si existe, no tiene que ser única. Sin embargo, la irregular distribución de los números primos impide encontrar una regla en estos desarrollos. Es lo que hace tan difícil la demostración de la conjetura.

Una vía bastante sencilla de atacar el problema consiste en plantear una representación de todos los números desde 1 hasta $n-1$ en dos filas del siguiente modo:

- En la primera fila escribimos todos los números desde 1 hasta $n/2$ de izquierda a derecha.
- En la segunda fila escribimos de derecha a izquierda los restantes números, comenzando por repetir el número $n/2$.

Así los números de cada columna suman n y obtenemos todas las posibles descomposiciones de n como suma de dos números.

Por ejemplo, para $n = 22$ se tiene:

Primera fila	1	2	3	4	5	6	7	8	9	10	11
Segunda fila	21	20	19	18	17	16	15	14	13	12	11
Suma	22	22	22	22	22	22	22	22	22	22	22

La criba de Eratóstenes

Eratóstenes fue un geógrafo aficionado a las matemáticas que también fue bibliotecario del famoso Museo de Alejandría. Vivió aproximadamente entre los años 280 y 190 a.C. La criba de Eratóstenes *es el nombre que se aplica a una técnica para determinar los números primos menores que un número dado* n. *Para ello se escriben todos los números mayores que 1 y menores que* n *en una tabla y se desarrollan los siguientes pasos:*

1. *Se marca el número 2 (que es primo) y se tachan todos sus múltiplos.*
2. *Comenzando desde el inicio, se marca el primer número no tachado ni marcado (que es primo) y se tachan todos sus múltiplos.*
3. *Se repite el proceso hasta que no queden números sin marcar o tachar. Los números marcados son los números primos.*

Aplicamos ahora un procedimiento similar llamado *criba de Eratóstenes* y tachamos todas las columnas que contienen números compuestos (un número se dice compuesto si no es primo), quedando libres solamente las columnas formadas por parejas de números primos:

1	2	3	4	5	6	7	8	9	10	11
21	20	19	18	17	16	15	14	13	12	11

De esta manera se obtienen tres posibles descomposiciones de 22 en suma de dos números primos:

$$22 = 3 + 19 = 5 + 17 = 11 + 11$$

Por su sencillez parece un buen método, pero ¿qué sucede con los números grandes? Imaginemos, por ejemplo, la enorme cantidad de operaciones que serían necesarias para aplicar este método al número 12345678910... Solo para empezar necesitaríamos escribir una tabla de ¡¡¡6172839455 columnas!!! Se podría simplificar representando solamente los números impares, pues la columna que contiene al 2 tiene forzosamente que contener a otro número par (compuesto) y el resto de los números pares son compuestos. Pero aun en ese caso necesitaríamos para nuestro número la friolera de ¡¡¡3086419727 columnas!!!

Por otra parte, resulta obvio que este método por sí mismo no conduce a la solución del problema, ni tampoco permite demostrar la infinitud del conjunto de los números primos.

Sin embargo, esta forma de trabajar ha conducido a denominar las columnas válidas de la tabla mediante el concepto de *partición de Goldbach*. Una partición de Goldbach de un número par n es una pareja de números primos (p, q) de modo que $p + q = n$. Entonces el problema se reduce a demostrar analíticamente que el número $G(n)$ de las particiones de Goldbach de n es mayor o igual a 1 para cualquier número entero par n mayor que 2.

Otra vía de atacar el problema consiste en comprobar si con todas las posibles sumas de pares de números primos se obtienen todos los números pares mayores que 2. Para comprender mejor la idea enumeramos los primeros números primos ordenándolos de menor a mayor como $p_1, p_2, p_3, \ldots, p_m$ (conviene considerar $p_1 = 3$, pues el 2 solo aparece en la suma $2 + 2 = 4$) y colocamos en una tabla todas las sumas posibles de pares de ellos como sigue:

$$\begin{array}{lllll}
p_1+p_1 & & & & \\
p_1+p_2 & p_2+p_2 & & & \\
p_1+p_3 & p_2+p_3 & p_3+p_3 & & \\
\vdots & \vdots & \vdots & \vdots & \\
p_1+p_m & p_2+p_m & p_3+p_m & \vdots & p_m+p_m
\end{array}$$

Con este ordenamiento se pueden comprobar diversas propiedades de esas sumas, por ejemplo, que en cada columna y en cada fila de la tabla todos los números son diferentes y va aumentando su valor a medida que leemos de arriba abajo o de izquierda a derecha. Siguiendo la misma idea, al considerar ahora a todos los números primos, obtenemos una tabla con una cantidad infinita de filas y columnas, pero que mantiene las mismas propiedades. Sin embargo, dados dos números primos consecutivos p_m, p_{m+1}, no tenemos manera de determinar siquiera cuántos números hay, por ejemplo, entre $p_1 + p_m$ y $p_1 + p_{m+1}$. De modo que no hay manera de saber si otras sumas de parejas de números primos producen a todos los números pares entre $p_1 + p_m$ y $p_1 + p_{m+1}$. De hecho, esta vía de solución nos conduce a uno de los más famosos y antiguos problemas relativos a los números primos y que se refiere a la búsqueda de alguna regularidad en su distribución o, más específicamente, en las distancias entre números primos consecutivos.

La correspondencia entre Goldbach y Euler se publica por primera vez en el año 1843. Parece ser que las generaciones de matemáticos posteriores más cercanas a ellos no conocían la conjetura, a pesar de que Waring planteara algo similar en 1770. O no encontraron interés en resolver el problema o acaso lo hallaron muy difícil, pues no se conoce de ninguno que trabajase en el tema.

Que sepamos, uno de los primeros en dedicarle su atención fue el padre de la teoría de conjuntos, Georg Cantor, quien se dedicó a estudiar la descomposición de todos los números pares desde 4 hasta 1000 sin lograr dar respuesta a la conjetura. Muchos después de Cantor han dedicado su inteligencia al estudio de este problema, entre ellos matemáticos brillantes como Lev Schnirelmann, G. H. Hardy, Ivan Vinogradov y Chen Jingrun, lográndose avances muy significativos por métodos analíticos pero sin llegar a dar con la solución final. Los progresos científico-técnicos del siglo pasado y del actual han permitido demostrar la veracidad de la conjetura para una gran cantidad de números.

Por supuesto, a pesar de que la conjetura parece cierta, también han surgido detractores que se han afanado en encontrar algún contraejemplo. En este sentido es curioso que E. Mehle demostrase en 1911 que entre los grandes números 4000000 y 9000000 existían a lo sumo catorce contraejemplos, pero desafortunadamente no logró presentar ninguno concreto. Tampoco lograron presentar contraejemplos Hugh Montgomery y Robert Charles Vaughan, quienes en fecha mas reciente (1975) demostraron la existencia de constantes α y β tales que, dado un número N cualquiera suficientemente grande, todos los números pares menores que N son sumas de dos números primos con a lo sumo $\alpha N^{1-\beta}$ excepciones.

Advirtamos con algunos detalles los intentos más notables de demostrar tanto la conjetura débil como la fuerte.

Acerca de la conjetura débil o ternaria de Goldbach

Aunque la conjetura débil de Goldbach se deduce directamente de la conjetura fuerte, también se han dedicado grandes esfuerzos a demostrarla directamente. En este sentido, el soviético Lev Schnirelmann logró en 1930 un importante avance al demostrar que existe un número entero bien determinado C (llamado *constante de Schnirelmann*) de modo que todo número natural n puede escribirse como suma de no más de C números primos, es decir, $n = p_1 + p_2 + \cdot p_m$, tales que p_i es primo ($i = 1, \ldots, m$) y $m \leq C$. Más adelante, en 1931, el mismo matemático encontró una estimación para su constante, logrando demostrar que todo número natural n puede escribirse como suma de no más de 300000 primos, es decir, $C \leq 300000$.

Schnirelmann no separa los números en pares e impares, de manera que su resultado trata de agrupar las dos conjeturas (la binaria y la ternaria) en una sola que sea válida para todos los números naturales. Así, para demostrar, por ejemplo, la conjetura débil o ter-

Schnirelmann

Lev Genrijovich Schnirelmann *(1905-1938), matemático ruso que terminó la carrera de matemáticas en la Universidad de Moscú con 20 años y obtuvo el doctorado con solo 24. En su corta vida trabajó en varias ramas de la matemática como la teoría de números, el álgebra, la topología y el análisis.*

Además de sus importantes descubrimientos sobre la conjetura de Goldbach, demostró el llamado teorema generalizado de Waring, abrió una nueva dirección en las investigaciones: la teoría métrica de las sucesiones numéricas y escribió una obra fundamental: Sobre las funciones en cuerpos algebraicos normados *(1938). En una serie de artículos publicados junto a Lazar Aronovich Liusternik resolvió el famoso problema de Poincaré sobre la existencia de tres líneas geodésicas sobre ciertas superficies e introdujo los métodos topológicos en el cálculo de variaciones.*

naria de Goldbach sería necesario comprobar que $C = 3$ para todo número impar mayor que 5 (en los cálculos que desarrollamos al inicio de este capítulo se observa que C tiene que ser mayor o igual que 3). Pero lo cierto es que 300000 es un número bastante alejado de 3...

Diferentes matemáticos han ido mejorando el valor de la cota superior de la constante de Schnirelmann. En 1973 el francés Deshouillers obtiene la cota 169, que reduce Klimov en 1975 al valor de 55. Luego Vaughan la reduce nuevamente a 27 en 1977 y en el mismo año Deshouillers logra obtener el valor de 26. La mejor cota superior de la constante de Schnirelmann encontrada hasta el momento (noviembre de 2008) la obtuvo Olivier Ramaré en 1995, demostrando que *C* es a lo sumo igual a 6 y mejorando la cota superior anterior de Hans Riesel y Vaughan, de 19. Con esto nos vamos acercando a la conjetura de Goldbach.

Vinogradov

Ivan Matvéevich Vinogradov *(1891-1983) nació en la provincia de Pskov, Rusia, hijo de un sacerdote y una maestra. Estudió en la Universidad de San Petersburgo en la Facultad de Matemática y Físicas y se graduó en 1914. Por su excelente trabajo en la distribución de residuos cuadráticos y no-residuos se le permitió continuar en la universidad para la preparación del postgrado. Fue profesor de la Universidad Estatal de Perm desde 1918 hasta 1920.*

Por otra parte, en los años 30 del siglo XX el matemático soviético Ivan Matvéevich Vinogradov desarrolló el método de las sumas trigonométricas en la teoría analítica de los números. Con este método logró demostrar la conjetura débil para números impares suficientemente grandes al probar que todo número impar mayor que cierto número N_0 (llamado *constante de Vinogradov*) se puede expresar como suma de no más de tres números primos, es decir, $C \leq 3$ para todo impar $n \geq N_0$. De la constante de Vinogradov se conoce en la actualidad que:

$$N_0 \geq 3^{3^{15}} \approx e^{e^{16573}} \approx 3{,}25 \times 10^{6846168}$$

En 1920 obtuvo el grado de doctor en ciencias físico-matemáticas y regresó a San Petersburgo como profesor del Instituto Politécnico y como docente en la universidad. En 1925 fue promovido a profesor titular en la universidad, poniéndose al frente de la sección de teoría de números. Alrededor de 1930 se involucró fuertemente en la administración de las matemáticas a nivel nacional. Desarrolló todo el fundamento orgánico para la creación del Instituto de Matemáticas V. A. Steklov de la Academia de Ciencias de la Unión Soviética y fue su primer director desde 1932 hasta su muerte.

A pesar del intenso trabajo administrativo, publicó alrededor de doce artículos al año entre 1934 y 1938. Su producción científica total es de más de 140 artículos y tres monografías de amplia popularidad internacional. Recibió muchos honores por sus logros matemáticos, como la medalla de oro Lomonosov de la Academia de Ciencias de la URSS (1970), el título de héroe de la Unión Soviética y diferentes premios estatales. Fue elegido miembro de la Royal Society de Londres en 1942 y de la Sociedad Matemática de Londres en 1939. Siempre fue un hombre de buena salud y permaneció activo después de cumplir los noventa. Falleció en Moscú el 20 de marzo de 1983.

Pero no se detuvo aquí e intentó determinar la cantidad de particiones de los números impares. De gran importancia fue entonces su demostración de que el número de expresiones de un número positivo impar n como suma de tres primos $I(n)$ cumple, para todo valor de $\varepsilon > 0$, la fórmula asintótica:

$$I(n) = \frac{n^2}{2\ln^3 n}S(n) + O\left(\frac{n^2}{2\ln^{3,5-\varepsilon} n}\right)$$

tal que $S(n) > 0{,}6$.

De ello se deduce que $n^2 \ln^{-3} n$ se comporta en el límite como el número de formas de escribir un número positivo impar n en suma de tres números primos, lo cual demuestra la conjetura débil de Goldbach para valores de n suficientemente grandes.

Lo cierto es que la constante de Vinogradov es un número bastante grande que tiene nada más y nada menos que ¡¡¡6846180 cifras!!! Sin embargo, la importancia del resultado de Vinogradov consiste en que reduce el problema de la demostración de la conjetura débil de Goldbach al análisis de un número grande, pero finito, de casos.

La constante original de Vinogradov N_0 fue reducida a $e^{e^{11503}} \approx$ $\approx 3{,}33 \times 10^{43000}$ en 1989 por Chen y Wang, quienes lograron reducirla nuevamente hasta $e^{e^{9714}} \approx 10^{7194}$ en 1996. De hecho, Chen demostró en 1966 una versión más débil de esta conjetura que plantea que todos los números pares suficientemente grandes son la suma de un número primo y el producto de a lo sumo dos números primos (lo que se llama número semiprimo). Por ejemplo:

$$100 = 23 + 7 \cdot 11$$

Como la variante de Chen para la conjetura débil de Goldbach, existen otras versiones que tampoco han sido demostradas completamente.

Chen Jingrun

Sello de correos chino con la silueta de Chen Jingrun.

Chen Jingrun *(1933-1996), matemático chino, fue el tercer hijo de una familia numerosa de Fuzhou en la que el padre era trabajador de correos. Se graduó en matemáticas en 1953 en la Universidad de Xiamen. Es famoso por su teorema referido a la demostración parcial de la conjetura de Goldbach. Trabajó también en la conjetura sobre los primos gemelos, en la conjetura de Legendre y en el problema de Waring.*

Acerca de la conjetura fuerte o binaria de Goldbach

También la demostración de la conjetura fuerte de Goldbach se ha resistido tenazmente. Se han dedicado muchos estudios a su demostración, ya sea mediante la determinación del número de particiones de Goldbach de un número entero par, a través de técnicas probabilísticas o incluso con el uso de las tecnologías de la información que tan lejos han llegado en la actualidad.

Existen varias estimaciones heurísticas del número de particiones de Goldbach de un número entero par n, las cuales, como es de esperar, crecen con el tamaño del número.

Recordemos que se define una *partición de Goldbach* de un número par n como una pareja de números primos (p, q) de modo que $p + q = n$. Si se llama $r(n)$ al número de las particiones de Goldbach de n sin tener en cuenta el orden (o sea, considerando iguales las particiones (p, q) y (q, p)) y $G(n)$ al número de las particiones de Goldbach de n teniendo en cuenta el orden (es decir, considerando diferentes las particiones (p, q) y (q, p)), entonces se tiene la relación $0 \leq G(n) \leq 2r(n)$. De hecho, considerando $n = 2k$ se cumple:

$$G(n) = G(2k) = \begin{cases} 2r(n) - 1 & \text{para } k \text{ primo} \\ 2r(n) & \text{para } k \text{ compuesto} \end{cases}$$

La conjetura fuerte de Goldbach es por tanto equivalente a la afirmación de que $r(n) > 0$ (o $G(n) > 0$) para todo número entero par $n > 1$.

La siguiente gráfica se conoce como *cometa de Goldbach*, por su forma similar a la cola de un cometa y muestra las particiones

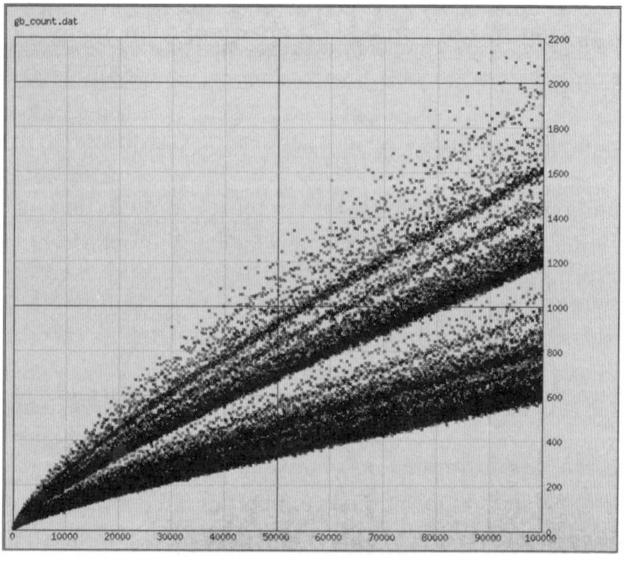

de Goldbach para $n < 100000$. En ella se observa que el número de representaciones aumenta al crecer n.

En 1923 Hardy y Littlewood lograron el primer gran paso en el estudio de las particiones de Goldbach de un número entero n al conjeturar que el número $G(n)$ de las particiones de Goldbach de n es asintótico a dos veces la integral desde 2 hasta n del logaritmo natural cuadrado de x por el producto de $(p-1)/(p-2)$, asumido sobre los divisores propios del número n. Es decir:

$$\lim_{n \to \infty} \frac{G(n)}{\displaystyle\int_2^n \frac{1}{\ln^2 x} dx \prod_{\substack{k=2 \\ p_k \backslash n}} \frac{p_k - 1}{p_k - 2}} = 2H$$

siendo H la constante de Hardy o constante de primos gemelos:

$$H = \prod_{k=2}^{\infty} \frac{p_k(p_k - 2)}{(p_k - 1)^2} = 0{,}6601618158$$

Sin embargo esta conjetura tampoco ha sido demostrada y se conoce con el nombre de *conjetura de Goldbach extendida*.

Otra aproximación del número $G(n)$ de las particiones de Goldbach de n par mayor que 4 fue demostrada en el año 2000 por Max See Chin Woo y se expresa en la forma:

$$G(n) \approx \sum_{k=3}^{n/2} \frac{1}{\ln k \ln (n-k)}$$

Su demostración se basa en el conocido *teorema de los números primos*, que plantea la relación asintótica:

$$\lim_{n \to \infty} \frac{\pi(n)}{n/\ln n} = 1$$

donde $\pi(n)$ representa el número de primos menores o iguales que n.

Esta nueva aproximación presenta la ventaja de que no requiere el conocimiento de los divisores primos de n.

En 1938 Estermann demostró que casi todos los números pares son sumas de dos números primos. Pero ¡cuidado!, *casi todos* significa en matemáticas, en el mejor de los casos, lo mismo que *todos, excepto una cantidad finita*, solo que ya hemos visto que esa cantidad finita puede ser tan grande que no quepa en una computadora...

Por cierto, a partir del resultado de Vinogradov, el cálculo numérico también ha sido muy utilizado en el intento de demostrar la conjetura fuerte de Goldbach. Pero no es hasta la introducción de las máquinas digitales de cálculo que se logran avances de verdadera significación.

Mediante la aplicación de un algoritmo eficiente y la utilización simultánea de varias estaciones de trabajo computacional, Richstein pudo verificar la veracidad de la conjetura fuerte de Goldbach para todos los números pares hasta 4×10^{14}, y con los avances de la tecnología de la computación y el aumento constante de la capacidad y velocidad de cálculo de las computadoras se continúa aumentando constantemente la cantidad de números para los cuales se ha verificado esta conjetura.

En la siguiente tabla se muestran los avances más significativos logrados en este sentido hasta la actualidad:

Autor	año	límite superior de n
A. Desboves	1855	10000
N. Pipping	1940	100000
M. K. Shen	1964	$3,3 \times 10^7$

Autor	año	límite superior de n
M. L. Stein, P. R. Stein	1965	10^8
A. Granville et al.	1989	2×10^{10}
M. Sinisalo	1993	4×10^{11}
Jean-Marc Deshouillers et al.	1998	10^{14}
Richstein	2001	4×10^{14}
Oliveira e Silva	2003	6×10^{16}
Oliveira e Silva	2005	3×10^{17}
Oliveira e Silva	2008	12×10^{17}

El avance parece enorme, pero si comparamos estos resultados con la constante de Vinogradov, observamos que aún resta por comprobar la conjetura fuerte de Goldbach para unos $3{,}33 \times 10^{43000} - 12 \times 10^{17} = 3 \times 10^{17}(1{,}11 \times 10^{42981} - 4)$ números (que representa una cantidad de números de más de ¡¡¡43000 cifras!!!).

Con el avance vertiginoso de la computación es de esperar que esta brecha se continúe reduciendo. Sin embargo, la gran dificultad no consiste en el desarrollo de algoritmos eficientes para la determinación de las descomposiciones de un número dado en suma de dos números primos, sino, precisamente, en la poca eficiencia que tienen las pruebas de primalidad conocidas para números grandes (lo cual, por cierto, constituye a su vez la esencia de la criptografía actual).

Por ejemplo, el programa desarrollado por Sinisalo en 1993 en QBASIC, que se describe a continuación, se basa en el procedimiento de criba ejemplificado anteriormente, por lo que resulta de gran sencillez, y consiste en realizar pruebas de primalidad a todos los números impares desde 3 hasta $n/2$, comprobando en caso positivo si $n - p$ es primo.

```
DECLARE FUNCTION IsPrime& (p&)
DEFLNG I-Z
CLS
INPUT "enter number to test:", n
m = 0 'number of pairs
PRINT : PRINT n;
FOR p = 3 TO n / 2 STEP 2
IF IsPrime(p) AND IsPrime(n - p)
THEN
PRINT TAB(10); "="; p; "+"; n - p
m = m + 1
END IF
NEXT
PRINT : PRINT m; "distinct representations"
FUNCTION IsPrime (p)
IF p MOD 2 = 0 THEN
IsPrime = 0
ELSE
IsPrime = 1
FOR i = 3 TO SQR(p) STEP 2
IF p MOD i = 0 THEN IsPrime = 0: EXIT FOR
NEXT
END IF
END FUNCTION
```

La criptografía

La criptografía es la ciencia que estudia el enmascaramiento de la comunicación, de modo que solo resulte inteligible para la persona que posee la clave, mediante el criptoanálisis de un texto aparentemente incoherente. En su sentido más amplio, la criptografía abarca el uso de mensajes encubiertos, códigos y cifras y es conocida desde épocas tan remotas como la Roma de los césares.

La teoría de números es una de las ramas de la matemática que se ha constituido en la base teórica de la criptografía de todos los tiempos. En la era actual de la información se hace cada vez más necesario el desarrollo de nuevas técnicas criptográficas, como los criptosistemas de llave pública (PKC), basados en la existencia de una clave pública y otra privada. Al no ser necesaria la distribución de la clave entre los usuarios, este tipo de sistema es más difícil de decodificar que otros anteriores, pero no resulta tan eficaz desde el punto de vista informático, pues se basa en la descomposición de números grandes en factores primos.

Partiendo de la suposición de la veracidad de la conjetura fuerte de Goldbach también se han dedicado numerosos estudios a la determinación del menor número primo que aparece entre todas las particiones de Goldbach de un número par n dado y que se representa mediante $p(n)$.

En este sentido Richstein encontró en el año 2000, al comprobar todos los valores pares de n hasta 1000000000000000 con ayuda de una computadora moderna, que el valor de $p(n)$ nunca excede a 5569, que aparece en la partición:

$$389965026819938 = 5569 + 389965026814369$$

La siguiente tabla muestra cómo ha ido creciendo el valor del menor número primo $p(n)$ encontrado en una partición de un número par n. Leyéndola detenidamente se intuye la irregularidad en la formación de particiones de los números pares.

n	$p(n)$
599533546358	3457
3132059294006	3463
3620821173302	3529
4438327672994	3613
5320503815888	3769
8342945544436	3917
10591605900482	4003
12982270197518	4027
15197900994218	4057
28998050650046	4327
46878442766282	4519
76903574497118	4909

n	$p(n)$
184162477860248	5077
217361316706568	5209
389965026819938	5569
5177118425980376 24	8641
887123803077837868	9161
906030579562279642	9341

En el año 1989[5] A. Granville, H. J. J. te Riele y J. van de Lune conjeturaron que el número primo más pequeño en una partición de Goldbach de un número par n puede ser acotado por una constante que multiplica a $(\ln n)^{2\ln\ln n}$. El trabajo de Richstein demuestra que la constante 1603 (de $n = 6$) es suficiente para $n < 4 \times 10^{14}$.

Una visión geométrica de la conjetura de Goldbach

En el año 2002 aparece en el artículo de K. K. Nambiar *Geometrical equivalents of Goldbach and Fermat like Theorem* una interesante representación geométrica de la conjetura de Goldbach que permite su mejor comprensión (ver Fig. 2).

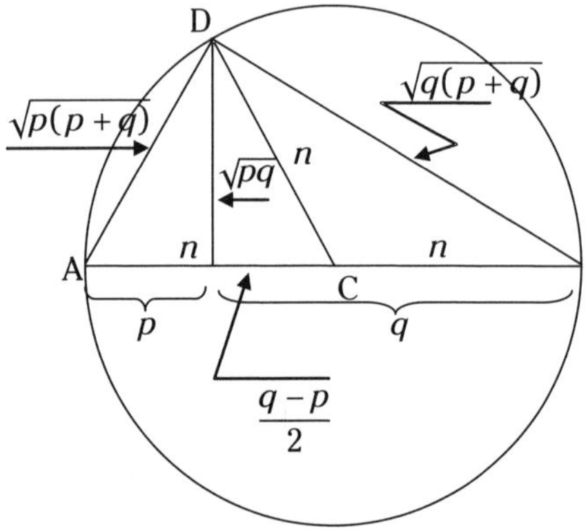

Fig. 2

5. A. Granville, H. J. J. te Riele y J. van de Lune, "Checking the Goldbach conjecture on a vector computer" in *Number theory and its applications*. Editor R. A. Mollin, Kluwer, Dordrecht 1989, pp. 423-433.

Dados dos números primos p y q dibujamos un círculo de diámetro $p + q$ y centro C e inscribimos en su diámetro un triángulo ABD, que resulta ser rectángulo por el conocido teorema de Tales. A continuación trazamos la altura correspondiente a la hipotenusa del triángulo y el radio CD, como indica la Fig. 2. Aplicando el teorema de Pitágoras se obtiene que el triángulo tiene hipotenusa $AB = p + q$ y catetos:

$$AD = \sqrt{p(p+q)}$$
$$DB = \sqrt{q(p+q)}$$

El radio del círculo (conocido como círculo de Goldbach) es:

$$n = \frac{p+q}{2}$$

La conjetura de Goldbach equivale entonces a asegurar que para todo número par n mayor que 2, existe un círculo de Goldbach.

Otras versiones equivalentes de la conjetura son:

- Para cualquier entero par n mayor que 2, existe un triángulo rectángulo ABD de lados $2n$, $\sqrt{2np}$, $\sqrt{2nq}$.
- Para cualquier entero par n mayor que 2, existe un triángulo rectángulo ADE de lados p, $\sqrt{2n}$, $\sqrt{2np}$.
- Para cualquier entero par n mayor que 2, existe un triángulo rectángulo BDE de lados q, $\sqrt{2n}$, $\sqrt{2nq}$.
- Para cualquier entero par n mayor que 2, existe un triángulo rectángulo DEC de lados n, $\sqrt{pq}$, $\frac{q-p}{2}$.

También resulta interesante la visión geométrica que ofrece Andy Wardley (ver http://wardley.org/misc/goldbach.html) sobre las particiones de Goldbach, que llama tejido de Goldbach. Wardley representa simétricamente una partición de Goldbach de un número par n sobre un segmento de longitud n, marcando los segmentos que indican los números primos que suman n. Por ejemplo:

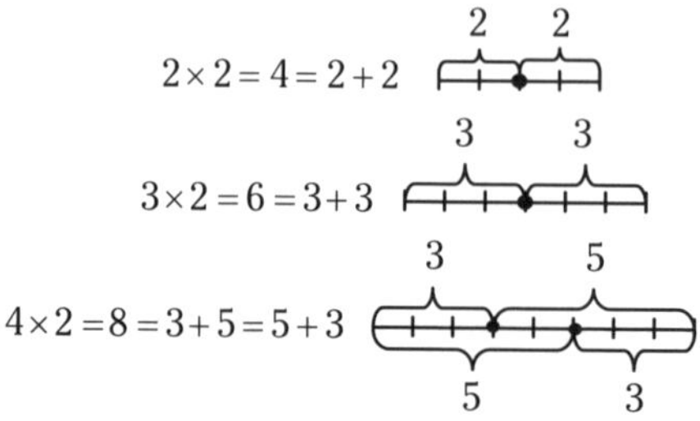

Fig. 3

Ahora, al colocar estos esquemas en una columna centrada, obtiene el tejido de Goldbach:

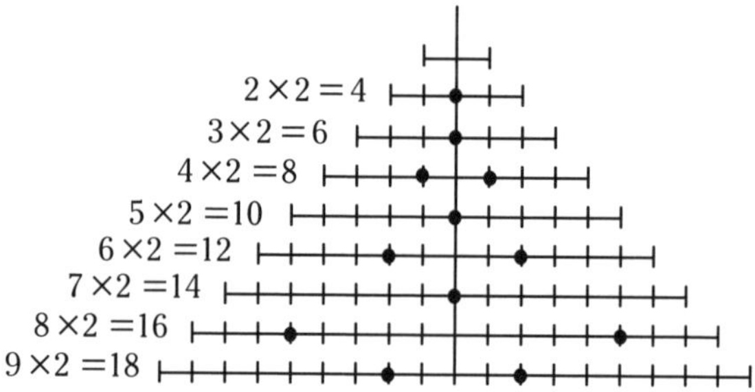

Fig. 4

En estos primeros números se observan ciertas regularidades, por ejemplo, cada número primo inicia dos diagonales infinitas (Fig. 5) diagonal infinita. De hecho, parece formarse cierta simetría en estas representaciones, ¿será cierto?

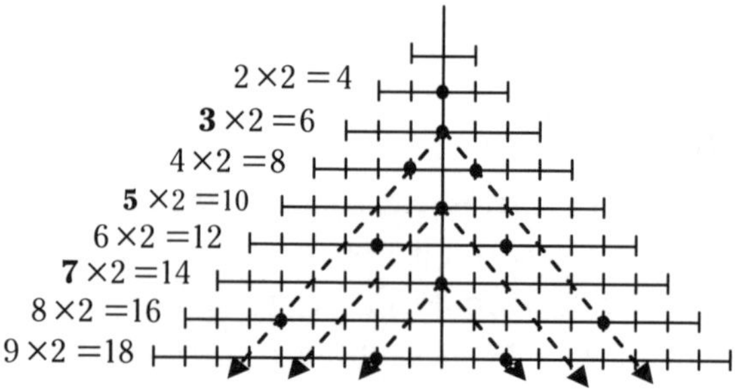

Fig. 5

Una mirada a la correspondencia entre amigos

Después de tantas andanzas de la mano de una genial conjetura, conviene tomarse un descanso y observar con sosiego las cartas que intercambiaron sus creadores. Goldbach fue una especie de mentor de Leonhard Euler. La correspondencia entre ellos duró más de 25 años y está plagada de resultados y de retos en múltiples áreas de las matemáticas, como la teoría de números y la suma de series.

Ya en la primera carta de Goldbach, fechada el 1 de diciembre de 1729, despierta el interés de Euler en la teoría de números cuando escribe en la posdata:

> *¿Ha advertido usted la observación de Fermat de que todos los números de la forma* $2^{2^n}+1$*, es decir, 3, 5, 17, etc. son números primos? Pero él no afirma haberlo demostrado, ni siquiera, hasta donde sé, existe persona alguna que haya sido capaz de demostrarlo.*

Euler responde a vuelta de correo que no ha logrado progresos en el problema, pero en 1732, casi cien años después del planteamiento de Fermat, encuentra la solución: Fermat estaba equivocado. En su primer artículo sobre teoría de números anuncia que 641 divide a $4294967297 = 2^{2^5}+1$ y, no contento con ello, agrega seis de sus propias conjeturas relacionadas con el pequeño teorema de Fermat.

El pequeño teorema de Fermat

El pequeño teorema de Fermat es un importante resultado de la teoría de números que plantea que si p es un número primo que no divide al número m, entonces p divide a $m^{p-1}-1$.

Goldbach plantea a Euler otra de sus interesantes conjeturas en la carta del 18 de noviembre de 1752, donde afirma que todo número impar n se puede escribir como suma de un número primo más el doble de un cuadrado perfecto, es decir, $n = 2k^2 + p$, donde k es un número entero positivo y p es un número primo. Esta conjetura es una especie de generalización de un resultado (presentado a Euler en una carta del 28 de septiembre de 1743) donde demuestra que si $4n - 1$ es un número primo, entonces n es la suma del doble de un cuadrado y un número triangular. En la respuesta a la carta de noviembre de 1752, Euler escribe que le parece posible la validez de la conjetura y afirma haberla comprobado para todos los enteros impares hasta 1000. Cuatro meses más tarde afirma haber logrado la comprobación hasta 2500.

Sin embargo en 1856 Moritz A. Stern, profesor en Gotinga y escrupuloso especialista en teoría de números, revisó todos los números impares menores de 9000 y demostró la falsedad de la conjetura al encontrar que los números 5777 y 5993 no pueden ser representados como suma de un número primo más el doble de un cuadrado perfecto. Ello habla en favor de la intuición matemática de Goldbach y Euler, pues se necesitaron más de cien años para lograr este resultado. Es más, en la actualidad no se ha encontrado aún ningún otro número (por supuesto, mayor que 9000) que corrobore la falsedad de esta conjetura realizada por Goldbach.

También del mismo Euler parte la conjetura, expresada en 1752, de que todo número par de la forma $4n + 2$ se puede representar como suma de primos de la forma $4m + 1$. Esta es una variante algo más compleja de la conjetura fuerte de Goldbach, pues $4n + 2 = 2(2n + 1)$ es un número par mayor que 2, por lo que de ser ella cierta quedaría demostrada la conjetura fuerte de Goldbach. Huelga decir que esta conjetura tampoco ha sido demostrada aún.

¿El final de la odisea?

En el año 1992 se publicaba en griego la novela *El tío Petros y la conjetura de Goldbach*, del escritor de origen australiano y criado en Grecia Apostolos Doxiadis. Esta novela fue traducida a diversos idiomas en el año 2000 y obtuvo un gran éxito de ventas. A raíz de ello las editoriales Faber & Faber y Bloomsbury ofrecieron un premio de un millón de dólares a quien pudiera resolver la conjetura de Goldbach. El premio se lo podía llevar cualquier persona de origen anglosajón que presentara una demostración o contraejemplo de la conjetura hasta el año 2002. La noticia, buena para los bolsillos de los editores y mala para el mundo matemático, es que, a pesar de todos los intentos, el problema aún no se ha resuelto.

Sin embargo, como el propio Christian Goldbach reconoció: "*aquellas proposiciones que son muy probables aunque falte una verdadera demostración* son sumamente útiles, *pues aun cuando se descubra que son incorrectas, pueden conducir al descubrimiento de una nueva verdad*". Lo cierto es que la mayoría de las conjeturas ingeniosas que se conocen ha contribuido, con sus pruebas o refutaciones, a afianzar en el maravilloso mundo de las ciencias el poderío de la que es al mismo tiempo su reina y sirvienta, la matemática.

Cronología (1690-1764)

1690 El 18 de marzo nace Christian en el seno de la familia del profesor de historia y retórica Bartolomeus Goldbach de la Universidad de Königsberg.

1703 Se funda la ciudad rusa de San Petersburgo como *ventana al mundo*.

1708 Durante la primavera discute con el teólogo David A. Teuerlein, aficionado a las matemáticas, sobre los problemas clásicos de la Antigüedad, sobre números sordos (irracionales) y sobre secciones cónicas.

1709 Comienza un diario que mantendrá hasta 1763. Además de la matemática se interesa por la poesía. Visita monasterios y bibliotecas de ciudades cercanas, en Polonia y en el Báltico.

1710 El 19 de agosto deja su ciudad natal en un largo peregrinar que comienza con una semana en Dantzig visitando bibliotecas y revisando libros raros y antiguos.

El 7 de septiembre se matricula como estudiante de la Universidad de Fráncfort del Óder con la intención de perfeccionar sus conocimientos de jurisprudencia.

El 20 de noviembre termina la lectura de uno de los libros que será de su preferencia y de cabecera, y que releerá varias veces: *Utopía* de Jacob Biderman.

1711 El 24 de marzo se matricula en la Universidad de Leipzig, donde estaba su hermano.

El 16 de abril visita al filósofo y matemático Christian Wolff.

El 11 de mayo conoce a Leibniz en Leipzig y aparentemente éste lo estimula a mantener correspondencia. La primera carta entre ambos es del 22 de mayo.

1712 El 5 de marzo comienza un largo viaje por Europa.

Visita a Leibniz en Hannover el 11 y el 18 de mayo, antes de seguir viaje a los Países Bajos.

El 5 de agosto defiende en Groninga una tesis en Derecho: *Sobre los castigos por hurto*.

El 3 de septiembre llega a Londres donde encuentra a Nicolaus I Bernoulli y a Abraham de Moivre.

1713 El 1 de mayo llega a París.

1714 Viaje por Italia, Austria y Alemania.

El 3 de diciembre obtiene el titulo de consejero en la provincia de Prusia.

1715 San Petersburgo es proclamada capital de todas las Rusias.

1717 Motivado por una conversación con Christian Wolff lee un artículo de Leibniz y un manuscrito de Huygens, que lo estimulan a investigar las sumas infinitas.

1718-24 Comienza en Berlín un nuevo y largo viaje por Europa.

1720 Se publica en las *Acta Eruditorum* su primer artículo sobre sumas infinitas.

1721 Pedro I es proclamado zar de todas las Rusias.

1724 El 23 de abril regresa a Königsberg y conoce personalmente a su corresponsal Jacob Hermann, que se aprestaba a viajar entusiasmado a San Petersburgo.

1725 El 8 de febrero muere Pedro I el Grande y asume el poder su esposa Ekaterina I bajo los consejos del influyente Aleksandr Danilovich Menshikov.

El 4 de julio envía una carta al presidente de la recién fundada Academia de Ciencias de San Petersburgo preguntando por la disponibilidad de una plaza.

El 8 de agosto llega a San Petersburgo.

El 27 de diciembre es designado secretario de la Academia. Presenta su segundo artículo sobre sumas infinitas, que será publicado en la revista de la Academia en 1727.

1727 Muere Ekaterina I y la sucede Pedro II Alekseiev, que tenía solo 11 años, y el príncipe Menshikov se convierte en regente.

El 12 de mayo firma el contrato que lo nombra preceptor del heredero Pedro II.

En septiembre el príncipe Menshikov es arrestado y enviado a Siberia. Asume la regencia la familia Dolgoruky.

1728 El 25 de enero viaja a Moscú para asumir sus funciones de tutor del zar. Comienza su correspondencia con Euler, que dura cerca de 35 años. Presenta su tercer y último artículo sobre sumas infinitas, que será publicado en 1732.

1729 Envía una carta a Euler con varios desafíos sobre sumas infinitas, que este desarrollará en diferentes trabajos posteriores dándole crédito a Goldbach. En particular, aparece el resultado hoy conocido como *teorema de Goldbach-Euler.*

1730 En enero Pedro II muere de viruela y Ana Ivanovna, sobrina del emperador Pedro I el Grande, es nombrada emperatriz de Rusia. Goldbach continúa sirviendo a la zarina.

1732 El 25 de enero es designado presidente de la asamblea de la Academia, aunque continúa sirviendo con fidelidad al gobierno zarista.

1737 Junto con J. D. Schumacher administra la Academia.

El 29 de octubre obtiene el rango de consejero privado.

1740 Iván VI sucede a Ana Ivanovna como emperador.

1741 Una conspiración palaciega coloca en el trono a la hija menor de Pedro I, Isabel Petrovna. Bajo su gobierno se produce una recuperación nacional.

Aunque se suceden las purgas administrativas, Goldbach consigue mantener su influencia en la corte.

1742 El 29 de marzo es aceptado en el Colegio de Asuntos Extranjeros como criptógrafo y consejero de Estado con el rango militar de un general. Es designado miembro honorífico de la Academia de Ciencias de San Petersburgo.

El 7 de junio en una carta a Euler, que se había trasladado a Berlín el año anterior, plantea su famosa conjetura sobre la representación de los enteros como suma de números primos.

El 24 de diciembre comienza un amplio intercambio epistolar con Euler sobre series dobles.

1760 El 16 de agosto es designado consejero privado de los zares, dedicándose a la educación integral de sus hijos y otros familiares.

1762 Muere Isabel Petrovna y asume el poder como emperador Pedro III.

El 7 de julio es destronado por los nobles y por su esposa, que enseguida es coronada como emperatriz de todas las Rusias: Ekaterina II la Grande.

1764 El 1 de diciembre muere Goldbach en San Petersburgo.

Bibliografía comentada

De las biografías de Goldbach, además de la que aparece en el *Dictionary of Scientific Biography* (1970-1990), la que consideramos más completa es la de los historiadores rusos **A. P. Yushkevich** y **Y. J. Kopelievich** *Christian Goldbach* (Editorial Nauka, Moscú, 1983) que se ha traducido al alemán y publicado en 1994 con el título *Christian Goldbach, 1690-1764* (Serie Vita Mathematica 8, Birkhäuser, Basilea). En la edición rusa aparece además la correspondencia entre Leibniz y Goldbach y entre Jacob Hermann y Goldbach, así como una traducción rusa de sus poemas.

Otras biografías donde se recrea el contexto histórico y matemático de Goldbach son:

W. Dunham *Euler. El maestro de todos los matemáticos*. Ed. Nivola. Madrid, 2000.

C. Sánchez y C. Valdés *Los Bernoulli. Geómetras y viajeros*. Ed. Nivola. Madrid, 2001.

También muy documentado y agradable es el ensayo:

T. L. Hankins *Ciencia e Ilustración*. Siglo XXI. Madrid, 1988.

Si el lector se interesa por una exposición más detallada del proceso que llevó al arte de las sumas infinitas a convertirse en una ciencia, le recomendamos la tercera parte del libro:

C. Sánchez y C. Valdés *De los Bernoulli a los Bourbaki. Una historia del arte y la ciencia del cálculo.* Ed. Nivola. Madrid, 2004.

Acaba de publicarse un libro muy documentado sobre la evolución de las ideas acerca de la suma de series, muy especialmente en el siglo XVIII:

G. Ferraro *The rise and development of the theory of series up to the early 1820s.* Sources and Studies in the History of Mathematics and Physical Sciences. Springer. Nueva York, 2008.

Recomendamos al lector interesado en las series múltiples el documentado artículo:

Jonathan Borwein y David Bradley "Thirty-two Goldbach Variations". *International Journal of Number Theory*, Vol. 2, n. 1, 2006, 65-103.

En él se da una información detallada de la problemática y su metodología, con 78 obras citadas, de ellas 61 posteriores a 1990 y 26 publicadas después del 2000.

Una interesante lectura acerca del maravilloso mundo de los problemas abiertos de la teoría de números, con un primer capítulo dedicado a la conjetura de Goldbach, es:

Guy, R. K. *Unsolved Problems in Number Theory* (3ª ed.). Springer Verlag. Nueva York, 2004.

Para la comprensión de los resultados básicos acerca de la constante de Vinogradov se recomienda a los interesados leer sus obras originales donde aparece la base teórica necesaria para los resultados posteriores, particularmente en:

I. M. Vinogradov *The Method of Trigonometrical Sums in the Theory of Numbers*. Dover. Nueva York, 2004.

Los resultados más actuales respecto a la verificación computacional de la conjetura de Goldbach se pueden encontrar, por ejemplo, en la página web de Oliveira e Silva:

http://www.ieeta.pt/~tos/goldbach.html

Y en la de Richstein:

http://www.mathstat.dal.ca/~joerg/res/g-en.html

La correspondencia entre Goldbach y Euler constituye una lectura de gran interés que recomendamos encarecidamente como muestra del inquieto y profundo pensamiento de ambos. En ella se pueden encontrar muchos resultados de la teoría de números y la suma de series que han pasado a la historia de las matemáticas, amén de otros temas como la astronomía. Se puede consultar, por ejemplo, en:

http://www.informatik.uni-giessen.de/staff/richstein